Jürgen Herzberger

Übungsbuch zur Finanzmathematik

Jürgen Herzberger

Übungsbuch zur Finanzmathematik

Aufgaben und Lösungen mit
Effektivzinssatzberechnungen,
Renten und Annuitäten

Die Deutsche Bibliothek – CIP-Einheitsaufnahme

Herzberger, Jürgen:
Übungsbuch zur Finanzmathematik: Aufgaben und Lösungen mit Effektivzins-
berechnungen, Renten und Annuitäten / Jürgen Herzberger. – Braunschweig;
Wiesbaden: Vieweg, 1999
ISBN 978-3-528-03119-0   ISBN 978-3-663-05804-5 (eBook)
DOI 10.1007/978-3-663-05804-5

Prof. Dr. Jürgen Herzberger
Fachbereich 6 Mathematik
Carl-von-Ossietzky-Universität Oldenburg
Postfach 25 03
26111 Oldenburg
E-mail: herzberg@uni-oldenburg.de

Konzeption und Layout: Ulrike Weigel, www.CorporateDesignGroup.de
Satz: Christiane Büßelmann, Oldenburg

Gedruckt auf säurefreiem Papier

VORWORT

Es sind bereits zahlreiche einführende Bücher über (nichtstochastische) Finanzmathematik auf dem Markt. Einige von diesen enthalten auch Aufgaben oder
zumindest zahlreiche vorgerechnete Beispiele. Nach meiner Kenntnis gibt es
jedoch kein reines Übungsbuch zu diesem Thema im deutschsprachigen Raum.
Die erwähnten Bücher richten sich vielfach an einen Leserkreis aus den Fach-
hochschulen oder von Studenten an Ökonomiefakultäten. Dadurch haben die
Beispiele oder Aufgaben einen sehr "praxisnahen" Hintergrund und sind oft in
der Alltagssprache formuliert. Etwa nach dem Motto "Herr Huber kauft sich
einen neuen Fernseher, zahlt dabei ... DM an, und desweiteren 36 Monatsraten
zu ... DM. Der Nettokaufpreis des Gerätes beträgt ... DM usw". Eine solche
Formulierungsweise suggeriert automatisch eine Nähe zum wirtschaftlichen
Alltag, entspricht diesem jedoch nicht ganz. Ein Ratenkaufvertrag, wie der er-
wähnte, enthält vielfach Klauseln, wie Abschlußgebühr usw., was alles zu-
sammen z. B. den Effektivzinssatz eines solchen Geldgeschäftes beeinflußt.
Diese Details sind meist von Vertrag zu Vertrag verschieden, und so können die
Ergebnisse solcher Aufgaben und Beispiele nur beschränkt direkt übertragen
werden. Deshalb haben wir einen anderen Weg eingeschlagen, welcher sich rein
äußerlich dadurch ausdrückt, daß derartige populäre Formulierungsweisen ver-
mieden und die Aufgaben auf ihren mathematischen Gehalt hin formuliert
werden. Außerdem wird berücksichtigt, daß die Spezialisierung Finanz- oder
allgemeiner Wirtschaftsmathematik zunehmend in vielen Diplomstudiengängen
Mathematik angeboten wird. Dadurch ist nicht nur eine mehr mathematische
Formulierung gefordert, sondern es sind auch im verstärkten Maße Aufgaben
zur Effektivzinsberechnung, sowie theoretische Aufgaben mit formelmäßigen
Ergebnissen nachgefragt und auch notwendig. Die Effektivzinsberechnung
nimmt deshalb in dieser Aufgabensammlung einen breiteren Raum ein. In den

meisten Büchern dagegen ist sie nur angedeutet oder eher stiefmütterlich abgehandelt. Die Effektivzinsberechnung führt fast immer auf die Lösung einer Polynomgleichung. Diese Lösung kann leicht iterativ vorgenommen werden und es gibt auch einige Näherungsformeln in der Literatur. In beiden Fällen ist die Zuhilfenahme eines Rechners erforderlich. Schon zu weit unter 100 DM werden Taschenrechner angeboten, welche einen sogenannten Gleichungslöser enthalten. Bei diesen hat man lediglich die fragliche und zu lösende Gleichung in üblicher algebraischer Schreibweise einzugeben nebst einem Näherungswert für die gewünschte Lösung, und der Taschenrechner ermittelt - falls möglich - in Sekundenschnelle die gewünschte Lösung als Gleitkommanäherungswert. Damit erübrigt es sich, umständliche Programme mit Iterationsschleifen für die Lösung solcher Aufgaben zu schreiben oder zu dokumentieren. Wir haben deshalb bei einer Auswahl von typischen Aufgaben dieser Art lediglich die für einen solchen Rechner nötige Tastendruckfolge wiedergegeben. Bei einfacheren Formelauswertungen ist das unterblieben, da die entsprechende Rechnung selbst auf einem einfachen Vierspeziesrechner in elementarer Weise ausgeführt werden kann. In diesem Buch wurde der programmierbare wissenschaftliche Taschenrechner SHARP EL 5120 verwendet. Genauigkeitsabweichungen bei Benutzung anderer Rechner treten in der Regel bei derartigen Berechnungen allenfalls in der letzten Stelle nach dem Komma auf und beeinflussen z. B. den bankenüblichen Effektivzinssatz so gut wie nie. Es sei erwähnt, daß auch finanzmathematische Taschenrechner, wie z. B. SHARP EL 735 , existieren, mit denen eine Cash-flow-Analyse durchgeführt werden kann und die direkt aus den Zahlungsdaten den Effektivzinssatz (auch bei Angabe eines Schätzwertes) errechnen, indem sie intern die entsprechende Polynomgleichung aufstellen und numerisch lösen. Dieser mehr kaufmännische Zugang wurde hier nicht gewählt, zumal die entsprechenden Taschenrechner weniger verbreitet und dementsprechend auch erheblich teurer sind als die oben genannten Rechner.

Das Buch ist gemäß den finanzmathematischen Aufgabenstellungen in verschiedene Paragraphen mit jeweils mehreren speziellen Unterabschnitten gegliedert. Vielen dieser Abschnitte ist der formelmäßige Sachverhalt kurz vorangestellt, damit klar daraus in den folgenden Aufgaben Bezug genommen werden kann. Der Stoffumfang wurde so gewählt, daß er in jedem gängigen Buch über Finanzmathematik enthalten ist. Lediglich die Effektivzinsberechnung wurde, nach der US- und der Preisangabenverordnungsmethode, etwas mehr hervorgehoben. Ein erster Abschnitt befaßt sich mit den elementaren Hilfsmitteln aus der Analysis, welche in der Finanzmathematik üblicherweise mitgebracht werden (z. B. für Ökonomiestudenten), und es sind dazu auch einige Aufgaben eingestreut. Als Anwendungen werden, wie üblich, die Renten- sowie die Annuitätenrechnung gegeben. Damit umfaßt das Buch ausgearbeitet Aufgaben zu allen Themen, die in einer entsprechenden Vorlesung unbedingt gebracht werden müssen. Das Büchlein ist somit ein wichtiges Hilfsmittel zur Prüfungsvorbereitung, kann aber unter Umständen durch seine formelsammlungsähnlichen, vorangestellten Einführungen auch als Repetitorium Verwendung finden.

Ich möchte an dieser Stelle meinen herzlichen Dank an Frau Chr. Büßelmann aussprechen, die mit großer Sorgfalt in kurzer Zeit das druckfertige Manuskript erstellt hat, sowie an Frau U. Schmickler-Hirzebruch vom Vieweg-Verlag, die sich spontan bereit erklärt hat, das Büchlein herauszubringen. Es bleibt zu wünschen, daß eine gute Verbreitung dieses Bändchens die Mühe und den guten Willen aller am Entstehen Beteiligten belohnt.

Oldenburg, März 1999   Jürgen Herzberger

INHALTSVERZEICHNIS

§ 0   **Berechnungen mit Hilfe eines Taschenrechners**   1

§ 1   **Mathematische Hilfsmittel**   7

§ 2   **Zinsrechnung**   29

   2.1   Einfache Zinsrechnung (lineare Verzinsung)   29

   2.2   Verzinsung mit Zinseszinsen   32

   2.3   Unterjährige Verzinsung, Effektivzinssatz   39

   2.4   Kontinuierliche Verzinsung   45

§ 3   **Effektivzinssatzberechnungen**   53

   3.1   Definition des Effektivzinssatzes bei Zahlungsströmen   53

   3.2   Effektivzinssatz nach der US-Methode   54

   3.3   Effektivzinssatz nach der EU-Methode (AIBD-Methode)   65

   3.4   Effektivzinssatz nach Preisangabenverordnungs-Methode   70

§ 4   **Rentenrechnung**   77

   4.1   Definition einer Rente   77

   4.2   Jährliche, konstante Raten bei jährlicher Verzinsung   78

   4.3   Unterjährige, konstante Raten bei jährlicher Verzinsung   84

   4.4   Jährliche, geometrisch veränderliche Raten bei jährlicher
Verzinsung   90

   4.5   Jährliche, linear veränderliche Raten bei jährlicher Verzinsung   94

   4.6   Ewige Renten   98

§ 5   Annuitäten   101

5.1   Definition von Annuitäten   101

5.2   Jährliche, einfache Annuität mit festen Raten   102

5.3   Aufgeschobene, jährliche einfache Annuität mit festen Raten   109

5.4   Unterjährige, allgemeine Annuitäten mit festen Raten   115

5.5   Jährliche, einfache Annuitäten mit geometrisch veränderlichen Raten   119

5.6   Jährliche, einfache Annuitäten mit linear veränderlichen Raten   123

Literaturverzeichnis   127

Stichwortverzeichnis   129

§ 0 Berechnungen mit Hilfe eines Taschenrechners

Viele der folgenden Beispiele erfordern mehr oder weniger aufwendige Berechnungen, die man vorteilhaft mit Hilfe eines Taschenrechners vornehmen kann. Wir legen dazu einen (fiktiven) Taschenrechner zugrunde, der wie folgt spezifiziert werden soll:

--- Rechner im Dezimalsystem mit Gleitkommazahlen bei einer Mantissenlänge von 10 Stellen und einer Exponentenlänge von 2 Stellen. Damit bewegen sich die verwendeten Gleitkommazahlen x im Bereich von

$$1.000000000 \cdot 10^{-99} \leq |x| \leq 9.999999999 \cdot 10^{99} \quad (\text{sowie } x = 0).$$

--- Algebraische Eingabelogik zur Darstellung und Berechnung von arithmetischen Ausdrücken

sowie für spätere Zwecke

--- mehrere vorhandene Variable, z. B. $A - Z$

--- Gleichungslöser

Die Anordnung der Tastatur kann etwa folgendermaßen festgelegt sein:

$$[7] \quad [8] \quad [9] \quad [\div] \quad [(] \ [)] \quad [y^x] \quad [ANS]$$

$$[4] \quad [5] \quad [6] \quad [\times] \quad [x^2] \quad [LN] \quad [SOLVE]$$

$$[1] \quad [2] \quad [3] \quad [-] \quad [\sqrt{x}] \quad [EXP] \quad [2ndF]$$

$$[0] \quad [(-)] \quad [\cdot] \quad [+] \quad [ENTER] \quad [=] \quad [ALPHA]$$

Neben den sich selbst erklärenden Tasten, kommen noch die Tasten $[(-)]$ für das einstellige Minuszeichen (Vorzeichenumkehr), $[ENTER]$ zum Auslösen von Berechnungen, $[2ndF]$ zum Umschalten der Tastaturbelegung, $[ALPHA]$ zur Erzeugung von alphanumerischen Zeichen, z. B. von Variablen $A - Z$, $[=]$ als Wertzuweisungsoperator oder zum Aufstellen von Gleichungen (in Verbindung mit $[ALPHA]$), $[ANS]$ zum Abrufen des zuletzt berechneten Wertes (automatische Speicherung).

Darüber hinaus benötigen wir noch Tasten, wie etwa [*SOLVE*] zum Auslösen der Lösung eines Ausdruckes bzw. der Lösung einer Gleichung. Auch sind oftmals viele Standardfunktionen, wie etwa SIN, COS, EXP, LN usw. durch entsprechenden Tastendruck abrufbar. Wir werden hier jedoch nur EXP und LN benötigen.

Algebraische Eingabelogik bedeutet, daß man einen arithmetischen Ausdruck, der entweder berechnet werden soll oder in einer Gleichung vorkommt, so hinschreibt, wie man es von der Analysis oder Schule her gewohnt ist. Die darin vorkommenden Operationen werden dann nach ganz bestimmten Vorrangregeln - nicht immer mit der niedergeschriebenen Reihenfolge - ausgeführt. Die folgende Tabelle gibt die wichtigsten Reihenfolgen an:

Absoluten Vorrang haben zunächst die Klammerungen, diese werden von innen nach außen bei einer Schachtelung berechnet.

> Funktionen, die der Eingabe folgen, wie z. B. x^2

> Potenzierungen y^x

> Funktionen, die der Eingabe vorangestellt werden, wie $\exp 1, \sqrt{2}$ usw.

> Multiplikation und Division

> Addition und Subtraktion

Das einstellige Minuszeichen (als Operator) soll hier zur Zahl gerechnet werden und hat damit, wie jede Klammerung, absoluten Vorrang. Operatoren von gleicher Vorrangstufe werden von links nach rechts fortschreitend ausgeführt.

Beispiel:

$$\left(4+\sqrt{\left(4^2-4\times3\right)}\right)/2/3$$

$$\underbrace{\quad\underbrace{1}\quad\underbrace{2}\quad}$$

Wir bringen nun einige Beispiele für die Ausführung von Berechnungen mit Angabe der einzelnen Tasteneingaben:

Beispiele:

(a) Es ist der Wert des Ausdruckes $1000\cdot(1+5\cdot0.03)$ zu berechnen (vergleiche Formel (2.1)).
Dies kann durch die folgende Eingabe geschehen:

$$[1]\ [0]\ [0]\ [0]\ [\times]$$

$$[(]\ [1]\ [+]\ [5]\ [\times]\ [0]\ [.]\ [0]\ [3]\ [)]\ [ENTER]$$

zur Anzeige auf dem Display kommt dann $=1150$.

(b) Es ist der Wert des Ausdrucks $(1-0.7^{11})/(1-0.7)$ zu berechnen (vergleiche Formel (1.5)).
Dies kann durch folgende Tastendruckfolge getan werden:

$$[(]\ [1]\ [-]\ [0]\ [.]\ [7]\ [y^x]\ [1]\ [1]\ [)]\ [/]$$

$$[(]\ [1]\ [-]\ [0]\ [.]\ [7]\ [)]\ [ENTER]$$

zur Anzeige auf dem Display kommt $=3.267422442$.

(c) Es soll der Wert der Differenz $\exp 0.03-(1+0.03/10)^{10}$ berechnet werden

(vergleiche Formel (2.12)).
Dies kann durch die folgende Tastendruckfolge geschehen:

$$[EXP] \; [0] \; [.] \; [0] \; [3] \; [-] \; [(] \; [1] \; [+] \; [0] \; [.] \; [0] \; [3] \; [/]$$

$$[1] \; [0] \; [)] \; [y^x] \; [1] \; [0] \; [ENTER]$$

zur Anzeige auf dem Display kommt $= 0.000046276$.

Wegen der offensichtlichen Einfachheit der Durchführung von Berechnungen
von solchen Ausdrücken mit Hilfe der algebraischen Eingabelogik soll in den
folgenden Paragraphen weitgehend auf die Angabe der Tastendruckfolge bei
derartigen Formelauswertungen verzichtet werden.

Nun wollen wir noch kurz auf das Lösen einer Gleichung eingehen. Dabei soll
in der fraglichen Gleichung die zu berechnende Unbekannte auch in der rechten
Seite vorkommen. Es sind dabei folgende Schritte auszuführen:

(a) Eingeben der Gleichung
     Rechte und linke Seite der Gleichung müssen eingegeben werden und sind
     durch ein Gleichheitszeichen getrennt.

(b) Ein Näherungswert für die gesuchte Variable muß eingegeben werden,
     evtl. müssen noch die Werte weiterer Variabler, die bekannt sind, eingege-
     ben werden.

(c) Durch Drücken der *SOLVE*-Taste ist die Lösung der Gleichung zu starten.

Beispiel: Es soll die quadratische Gleichung $x = -x^2 + 2$ gelöst werden und
zwar interessiert die positive Wurzel der Gleichung.

Die Lösung kann auf folgende Weise mit Hilfe des Gleichungslösers berechnet
werden.

Eingabe der Gleichung:

Nach Einschalten des Gleichungslöser-Modus können folgende Tastendruckfolgen getätigt werden:

$$[ALPHA] \; [X] \; [ALPHA] \; [=] \; [(-)]$$

$$[ALPHA] \; [X] \; [x^2] \; [+] \; [2] \; [ENTER]$$

Sodann ist der geschätzte Näherungswert für x als 0.5 einzugeben in Form von

[0] [.] [5] [*ENTER*]

und schließlich noch die Lösung der Gleichung zu starten mit Hilfe von

[*SOLVE*]

Zur Anzeige kommt der Wert $x = 1$.

§ 1 Mathematische Hilfsmittel

In der Zinsrechnung kommen sehr oft die Potenzen x^n ($n \geq 2$) einer reellen Zahl x vor. Wenn der verwendete Rechner nicht über einen Befehl zur Potenzierung ↑ verfügt, dann kann man nach einer möglichst rationellen Methode zur Berechnung von x^n mit Hilfe der vier Grundoperationen +, −, *, / fragen.

Zunächst bietet sich die 'naive' Methode der fortgesetzten Multiplikation an. Sie läßt sich mit Hilfe des folgenden Algorithmus (A1) kurz beschreiben:

$$\text{setze } y := 1;\ k := n;$$

$$M: y := y * x;\ k := k - 1;$$

(A1)

$$\text{falls } k > 0 \text{ dann springe nach } M;$$

$$x^n := y;$$

Wie man sofort sieht, benötigt dieser Algorithmus (A1) genau $n - 1$ Multiplikationen zur Berechnung von x^n.

Man kann nun nach einer weniger rechenaufwendigen Methode suchen. Dazu benötigen wir die Darstellung einer natürlichen Zahl in Form einer Dualzahl, d. h. in einer Darstellung zur Zahlenbasis 2, wobei dann nur die Ziffern 0 und $1 (= 2^0)$ auftreten können. Zur Unterscheidung von den Dezimalziffern 0 und 1 werden diese oftmals auch als 0 und L geschrieben. Eine Zahl n schreibt sich dann als

$$n = \sum_{i=0}^{k} a_i \cdot 2^i \text{ wobei } a_i \in \{0,1\} \text{ ist.}$$

Die natürliche Zahl k ist nichts weiter als der ganzzahlige Anteil vom Logarithmus von n (zur Basis 2), kurz $\left[\log_2 n\right]$.

Aufgabe 1.1: Man schreibe 85 als Dualzahl.

Lösung: Durch ausprobieren findet man LOLOLOL oder anders geschrieben $1 \cdot 2^6 + 0 \cdot 2^5 + 1 \cdot 2^4 + 0 \cdot 2^3 + 1 \cdot 2^2 + 0 \cdot 2^1 + 1 \cdot 2^0$. □

Aufgabe 1.2: Durch welchen Algorithmus läßt sich systematisch eine gegebene Dezimalzahl aus n in Dualdarstellung umwandeln?

Lösung: Man sieht an der obigen zweiten Schreibweise in Aufgabe 1.1, daß die Koeffizienten sich als die Reste bei der sukzessiven ganzzahligen Division durch 2 der ursprünglichen Zahl n ergeben. Bei diesem Verfahren fallen aber die Koeffizienten in umgekehrter Reihenfolge an.

Als Zahlenbeispiel betrachten wir:

$$85/2 = 42 \text{ Rest } 1 \to L$$

$$42/2 = 21 \text{ Rest } 0 \to 0$$

$$21/2 = 10 \text{ Rest } 1 \to L$$

$$10/2 = 5 \text{ Rest } 0 \to 0$$

$$5/2 = 2 \text{ Rest } 1 \to L$$

$$2/2 = 1 \text{ Rest } 0 \to 0$$

$$1/2 = 0 \text{ Rest } 1 \to L$$

Ergebnis (vergleiche Aufgabe 1.1): LOLOLOL. $\square$

Der neue Algorithmus kann nun formuliert werden:

Man stelle die Zahl n als Dualzahl in der Form

$$n = \sum_{i=0}^{k} a_i \cdot 2^i$$

(A2)   dar und berechne sich alle Potenzen x^{2^i} von x durch fortgesetztes Quadrieren bis zu x^{2^k}. Danach multipliziere man alle jene Potenzen x^{2^i} miteinander, für welche $a_i = 1$ in der Dualdarstellung ist. Damit ergibt sich dann der Wert

$$x^n = x^{\sum_{i=0}^{k} a_i 2^i} = \prod_{\substack{i=0 \\ a_i=1}}^{k} x^{2^i}.$$

Betrachten wir nun den nötigen Rechenaufwand zur Berechnung von x^n mit Hilfe von Algorithmus (A2), so ist er

>im Falle $n = 2^k$ gleich $\log_2 n$ Multiplikationen;

>im Falle $n > 2^k$ gleich $[\log_2 n] + u$ Multiplikationen, wobei u gleich der Anzahl der $a_i = 1$ ist.

Maximal kann der Rechenaufwand also höchstens $2 \cdot [\log_2 n]$ Multiplikationen betragen.

Beispiel: $x^7 = x^{4+2+1} = \left(x^2\right)^2 \cdot x^2 \cdot x$

Aufgabe 1.3: Man überlege sich einen Algorithmus (A3), in welchem auch Divisionen zugelassen sind, zur Ermittlung von x^n $(n \geq 2)$. Dafür gebe man den Rechenaufwand an.

Lösung: Wiederum stellt man n als Dualzahl dar. Im Falle $n = 2^k$ verfahre man wie bei Algorithmus (A2). Ist dagegen $n > 2^k$, dann ermittle man durch fortgesetztes Quadrieren alle Potenzen x^{2^i} von x bis $x^{2^{k+1}}$. Danach dividiere man zunächst durch x und dann durch all jene Potenzen x^{2^i}, für welche $a_i = 0$ in der Dualdarstellung von n ist (welche also bei dieser nicht benötigt werden). Formelmäßig ergibt sich dabei:

$$x^n = \left(x^{2^{k+1}}/x\right) \Big/ \left(\prod_{i=0,a_i=0}^{k} x^{2^i}\right) = x^{\sum_{i=0}^{k} 2^i - \sum_{\substack{i=0\\a_i=0}}^{k} 2^i} = x^{\sum_{\substack{i=0\\a_i=1}}^{k} a_i 2^i}$$

Nur beim Fall $n > 2$ ergibt sich im Rechenaufwand ein Unterschied zu Algorithmus (A2). Der Aufwand an Multiplikationen zur Berechnung von $x^{2^{k+1}}$ ist mit $[\log_2 n] + 1$ zu veranschlagen und dazu kommen noch $v + 1$ Divisionen, wobei sich v als die Anzahl der $a_i = 0$ ergibt. Dabei gilt $v \leq k - 1$. Maximal ergibt sich somit ein Aufwand von $2 \cdot [\log_2 n] + 1$ Operationen, wenn man Multiplikationen und Divisionen realistischerweise als gleich aufwendig ansieht. $\square$

Aufgabe 1.4: Man kombiniere Algorithmus (A2) und (A3) derart, daß der günstigere von beiden eingesetzt wird. Man formuliere diesen Algorithmus und mache wiederum Aufwandsbetrachtungen im Vergleich zu (A2).

Lösung: Im Falle $n \neq 2^{[\log_2 n]}$ hat man bei diesem kombinierten Vorgehen den Aufwand (bei gleicher Wertung von Multiplikation und Division) von $\min\{[\log_2 n]+u, [\log_2 n]+2+v\}$. Da aber $u+v=[\log_2 n]+1$ gilt, bedeutet dies

$$\min\{[\log_2 n]+u, 2([\log_2 n]+1)+1-u\}$$

Operationen Aufwand. Dies ist das Minimum aus zwei linearen Ausdrücken. Die entsprechenden Geraden schneiden sich im Punkte

$$u_0 = ([\log_2 n]+3)/2 \text{ bzw. } v_0 = ([\log_2 n]-2)/2$$

Der maximale Aufwand ergibt sich für $u = u_0$ mit $(3 \cdot [\log_2 n]+1)/2$ und ist damit geringer als derjenige bei Algorithmus (A2).

Allgemein geht man bei $u \leq u_0$ dann nach (A2) und bei $u > u_0$ nach (A3) vor. Bei $u \leq u_0$ ist der Aufwand dann wie bei (A2) mit $[\log_2 n]+u$ zu veranschlagen, im anderen Falle mit $2 \cdot [\log_2 n]+1-u$. $\square$

Manchmal treten die Potenzen auch bei bestimmten Ausdrücken auf, etwa in der Form

$$(a+b)^n$$

Dafür gilt dann die sogenannte binomische Formel

$$(a+b)^n = a^n + \binom{n}{1}a^{n-1}b + \binom{n}{2}a^{n-2}b^2 + \ldots + \binom{n}{n-1}ab^{n-1} + b^n, \quad n \geq 1 \quad (1.1)$$

Die in (1.1) auftretenden Koeffizienten $\binom{n}{k}$, $(k \leq n)$ heißen Binomialkoeffizienten. Sie werden berechnet durch die Formel

$$\binom{n}{k} = \frac{n \cdot (n-1) \ldots (n-k+1)}{1 \cdot 2 \ldots k} \left(= \frac{n!}{k!(n-k)!} \right) \quad (1.2)$$

Dabei ist die Funktion $n!$ (Fakultät) bekanntlich definiert als

$$n! = \begin{cases} 1 & \text{für } n = 0 \\ 1 \cdot 2 \ldots n & \text{sonst.} \end{cases}$$

Diese Funktion ist bei vielen Rechnern als Standardfunktion vorhanden. Andernfalls kann sie rekursiv durch

$$n! = \begin{cases} 1 & \text{für } n = 0, \\ n \cdot (n-1)! & \text{sonst,} \end{cases}$$

berechnet werden (in Form eines Produktes von n Faktoren).
Für die Binomialfaktoren ergibt sich im Einzelnen:

$$\binom{n}{0} = 1, \quad \binom{n}{1} = n, \quad \binom{n}{2} = \frac{n \cdot (n-1)}{2}, \ldots$$

$$\ldots, \quad \binom{n}{n-2} = \frac{n \cdot (n-1)}{2}, \quad \binom{n}{n-1} = n, \quad \binom{n}{n} = 1$$

Die offensichtliche Symmetrie der Binomialkoeffizienten folgt aus ihrer Schreibweise in Klammern in (1.2). Es gilt dafür

$$\binom{n}{n-k} = \binom{n}{k}$$

Aufgabe 1.5: Man zeige, daß für die Binomialkoeffizienten gilt:

(a) $\binom{n}{0} + \binom{n}{1} + \ldots + \binom{n}{n-1} + \binom{n}{n} = 2^n,$

(b) $\binom{n}{0} - \binom{n}{1} + \ldots + (-1)^n \binom{n}{n} = 0,$

(c) $\binom{n}{1} + 2\binom{n}{2} + \ldots + n \cdot \binom{n}{n} = n \cdot 2^{n-1}.$

Lösung:

Zu (a):   Es gilt bei Anwendung der Formel (1.1) mit $a = b = 1$

$$(1+1)^n = 2^n = \binom{n}{0} + \binom{n}{1} + \ldots + \binom{n}{n}$$

Zu (b):   Mit $a = 1$ und $b = -1$ gilt bei Formel (1.1)

$$(1-1)^n = 0 = \sum_{v=0}^{n} (-1)^n \binom{n}{v}$$

Zu (c):   Mit Hilfe der obigen expliziten Darstellung der Binomialkoeffizienten ergibt sich

$$\binom{n}{1} + 2\binom{n}{2} + \ldots + n \cdot \binom{n}{n} =$$

$$= \frac{n}{1} + \frac{2 \cdot n \cdot (n-1)}{1 \cdot 2} + \frac{3 \cdot n \cdot (n-1) \cdot (n-2)}{1 \cdot 2 \cdot 3} + \ldots + \frac{n \cdot n \cdot (n-1) \ldots 1}{1 \cdot 2 \cdot \ldots \cdot n}$$

$$= n \cdot \left[\binom{n-1}{0} + \ldots + \binom{n-1}{n-1} \right] = n \cdot 2^{n-1}$$

wenn wir dabei (a) anwenden. $\square$

Die Berechnung der einzelnen Binomialkoeffizienten $\binom{n}{k}$ kann auf naive Weise durch direkte Anwendung der Formel (1.2) mit der Schreibweise in Klammern erfolgen. Dazu kann man oft auf die Standardfunktion $n!$ zurückgreifen. Dazu ist jedoch zu beachten, daß für große Werte von n Schwierigkeiten auftreten können. So gilt z. B. $69! \approx 1.7112245 \ldots \cdot 10^{98}$ und somit $70! > 10^{100}$. Letzterer Wert ist auf manchen Rechnern schon nicht mehr darstellbar (Zahlbereichsüberschreitung und Fehlermeldung).

Aufgabe 1.6: Man gebe einen Algorithmus an, mit welchem $\binom{n}{k}$ auch noch für größere Werte von n (bei denen $n!$ zu Fehlermeldung führt) ein Ergebnis liefert.

Lösung: Man berechnet $\binom{n}{k}$ als Produkt von Brüchen durch die Schreibweise

$$\binom{n}{k} = \frac{n}{k} \cdot \frac{n-1}{k-1} \cdot \ldots \cdot \frac{n-k+2}{2} \cdot \frac{n-k+1}{1}$$

Dies läßt sich als folgender Algorithmus formulieren:

$$y := 1; \; i := 1;$$

$$M : y := y = (n - i + 1)/(k - i + 1); \; i := i + 1;$$

$$\binom{n}{k} := y;$$

Im Zusammenhang mit dem Auftreten der obigen Potenzen von Ausdrücken läßt sich für Abschätzungen oftmals die sogenannte BERNOULLIsche Ungleichung anwenden. Sie lautet:

$$(1 + i)^n \geq 1 + n \cdot i \quad \text{für} \quad n \geq 0 \quad \text{und} \quad i > -1 \tag{1.3}$$

Ihr Beweis kann am einfachsten durch vollständige Induktion nach n erfolgen und lautet dann folgendermaßen: Für $n = 0$ gilt (1.3) offensichtlich. Man multipliziert dann die für n als gültig angenommene Ungleichung (1.3) auf beiden Seiten mit $(1 + i) > 0$ und erhält dadurch die Ungleichung

$$(1 + i)^{n+1} \geq 1 + i + n \cdot i + i^2 \geq 1 + (n + 1) \cdot i$$

was (1.3) für $n + 1$ darstellt. Offensichtlich gilt in (1.3) für $n > 1$ nur für $i = 0$ Gleichheit.

Aufgabe 1.7: Man zeige, daß für $x > -1$ und $k > 1$ die Ungleichung

$$\frac{(1 + x)^n}{(1 + x/k)^{k \cdot n}} \leq 1$$

gilt.

Lösung: Man schreibt den Ausdruck auf der linken Seite in Form von

$$\left(\frac{1 + x}{(1 + x/k)^k} \right)^n$$

und wendet dann auf den Ausdruck im Nenner die BERNOULLIsche Ungleichung (1.3) an. Damit erhält man

$$\frac{1+x}{(1+x/k)^k} \le \frac{1+x}{1+x} = 1$$

Somit ist die ganze Ungleichung aber gültig. $\square$

Häufig treten in der Finanzmathematik Summen von Potenzen auf, die die Form

$$s_n = 1 + x + x^2 + \ldots + x^n, \, n \ge 0 \quad \text{(geometrische Summe)} \tag{1.4}$$

haben oder auf diese zurückgeführt werden können. Eine oftmals vorkommende Verallgemeinerung ist die Summe der Art

$$t_n = a + a \cdot x + a \cdot x^2 + \ldots + a \cdot x^n$$

welche sich auch als $t_n = a \cdot s_n$ schreiben läßt.

Für Summen der Art (1.4) läßt sich ein geschlossener Ausdruck - eine sogenannte Summenformel - angeben. Sie lautet:

$$s_n = \frac{1 - x^{n+1}}{1 - x} \quad \text{für} \quad x \ne 1 \quad \text{und} \quad s_n = n \quad \text{für} \quad x = 1 \tag{1.5}$$

Ihr Beweis ist sehr einfach und geschieht im Falle $x \ne 1$ durch folgende Schlußweisen: Man multipliziert s_n mit $(1 - x)$ und erhält dabei

$$s_n(1 - x) = \left(1 + x + x^2 + \ldots + x^n\right)(1 - x) = 1 - x^{n+1}$$

was nach s_n aufgelöst dann (1.5) ergibt.

Aufgabe 1.8: Man leite eine Summenformel für die Summe
$$s_{n,k} = x^k + x^{k+1} + \ldots + x^{k+n}, \, n \ge 0 \quad \text{und} \quad k > 0 \; (x \ne 1)$$

her.

Lösung: Es gilt

$$s_{n,k} = x^k\left(1 + x + x^2 + \ldots + x^n\right) = x^k \cdot s_n$$

Wenn wir auf die Summe s_n die Formel (1.5) anwenden erhalten wir

$$s_{n,k} = x^k \cdot \frac{1 - x^{n+1}}{1 - x} \cdot \square$$

Aufgabe 1.9: Die Summe s_n in (1.4) habe den Wert 2 für $n = 2$. Welche Werte muß dann x haben?

Lösung: Es gilt

$$s_2 = 1 + x + x^2 = 2 \quad \text{oder} \quad x^2 + x - 1 = 0$$

Diese quadratische Gleichung besitzt aber die beiden Lösungen

$$x_{1,2} = \frac{-1 \pm \sqrt{1+4}}{2} = \left(-1 \pm \sqrt{5}\right)/2 \approx \begin{cases} -1.618... \\ 0.618... \end{cases}$$

Mit Hilfe des Gleichungslösers eines Taschenrechners kann die quadratische Gleichung auch folgendermaßen gelöst werden:

$$[ALPHA] \ [X] \ [ALPHA] \ [=] \ [(-)] \ [ALPHA] \ [X] \ [x^2]$$

$$[+] \ [1] \ [ENTER]$$

Mit dem Näherungswert für x [0] [.] [ENTER] wird durch drücken der Taste [SOLVE] der Wert $X = 0.618033988$ und mit dem Näherungswert für x [(-)] [1] [.] [ENTER] der Wert $X = -1.618033989$ berechnet. $\square$

Aufgabe 1.10: Wie muß in der Summe t_n für $n = 10$ und $x = 1/2$ der Wert von a gewählt werden, damit $t_{10} = 1/2$ gilt.

Lösung: Es gilt

$$t_{10} = a \cdot s_{10} = a \cdot \frac{1 - (1/2)^{11}}{1 - 1/2} = a \cdot (2 - 1/1024) = a \cdot \frac{2047}{1024} = 1/2$$

und somit folgt $a = 512/2047$. $\square$

Für Werte von x mit $|x| < 1$ läßt sich der Wert von n beliebig groß wählen und im Grenzübergang $n \to \infty$ konvergieren die Summen s_n und die durch die Formel (1.5) angegebenen Wert dann gegen einen endlichen Wert. Es gilt für die unendliche geometrische Summe dann

$$s_\infty = \lim_{n \to \infty} s_n = \frac{1}{1-x}, \quad |x| < 1 \tag{1.6}$$

Dies ergibt sich wegen der Darstellung

$$s_n = \frac{1}{1-x} - \frac{x^n}{1-x}$$

worin bekanntlich die geometrische Folge x^n genau dann für $n \to \infty$ gegen 0 konvergiert, wenn $|x| < 1$ gilt.

Aufgabe 1.11: Man leite eine Formel her für den Rest der abgebrochenen geometrischen Reihe

$$r_n = x^n + x^{n+1} + \ldots, \quad |x| < 1$$

Lösung: Es gilt

$$s_\infty = 1 + x + x^2 + \ldots + x^{n-1} + r_n = \frac{1}{1-x}$$

oder

$$s_{n-1} + r_n = \frac{1}{1-x}$$

woraus sich mit Hilfe von (1.5) angewendet auf s_{n-1} dann die Formel

$$r_n = \frac{x^n}{1-x}$$

ergibt. (Eine weitere einfache Beweismöglichkeit wäre, in Aufgabe 1.8 n und k zu vertauschen und dann den Grenzübergang $k \to \infty$ durchzuführen.) $\square$

Aufgabe 1.12: Für welche Werte von n unterscheidet sich für $x = 0.2$ die Summen s_n und weniger als 10^{-3} von s_∞?

Lösung: Es gilt nach Aufgabe 1.11, daß

$$s_\infty - s_n = x^{n+1}/(1-x)$$

ist. Für $x = 0.2$ folgt damit die Forderung

$$(0.2)^{n+1}/0.8 < 10^{-3} \quad \text{oder} \quad (0.2)^{n+1} < 0.8 \cdot 10^{-3}.$$

Logarithmieren wir beide Seiten, dann ergibt sich

$$(n+1)\cdot \log 0.2 < \log 0.8 - 3$$

oder - da $\log 0.2 < 0$ ist -

$$n+1 > \frac{\log 0.8 - 3}{\log 0.2} \approx 4.430\ldots$$

Also muß $n \geq 4$ sein.

Mit Hilfe des Gleichungslösers eines Taschenrechners (siehe § 0) kann die fragliche Gleichung folgendermaßen gelöst werden:

$$[(]\ [0]\ [.]\ [2]\ [)]\ [y^x]\ [(]\ [ALPHA]\ [N]\ [+]\ [1]\ [)]\ [ALPA]\ [=]$$

$$[0]\ [.]\ [0]\ [0]\ [0]\ [8]\ [ENTER]$$

Mit dem Näherungswert für n [3] [.] [*ENTER*] wird der Wert nach Drücken von [*SOLVE*] $N = 3.430676558$ berechnet. Also muß $n \geq 4$ gelten. $\square$

Aufgabe 1.13: Man gebe eine Rechenvorschrift an, welche die Teilsumme der geometrischen Reihe

$$s_{3k} = 1 + x + x^2 + \ldots + x^{3k}, \quad k \geq 1$$

mit nur $k+1$ Multiplikationen berechnet.

Lösung: Man schreibt dazu die Summe als

$$s_{3k} = 1 + x + x^2 + \ldots + x^k\left(1 + x + \ldots + x^k\left(1 + x + \ldots + x^k\right)\right)$$

und hat darin nur die Summe

$$s_k = 1 + x + x^2 + \ldots + x^k$$

mit den nötigen $k-1$ Multiplikationen zu berechnen. $\square$

Aufgabe 1.14: Man verallgemeinere den Algorithmus von Aufgabe 1.13 für die Berechnung von $s_{m \cdot k}$ und bestimme den durch diese Methode mindestens erforderliche Anzahl von Multiplikationen zur Berechnung von s_n.

Lösung: Durch entsprechende Klammerungen erhalten wir einen Algorithmus, der insgesamt $k + m - 2$ Multiplikationen erfordert. Da aber $n = m \cdot k$ ist, haben wir das Minimum der Funktion

$$g(m) = n/m + m - 2$$

zu bestimmen. Es gilt

$$g'(m) = -n/m^2 + 1$$

und somit folgt für die Nullstelle m_0 von g', daß $m = \sqrt{n}$ ist.

Da $\lim\limits_{n \to 0} g(m) = +\infty$ und $\lim\limits_{m \to \infty} g(m) = +\infty$ gilt. liegt ein Minimum vor. Dafür ist der Aufwand an Multiplikationen aber gerade $2(\sqrt{n} - 1)$. $\square$

Aufgabe 1.15: Man beweise für die verallgemeinerte geometrische Reihe der Form

$$s_n = 1 + 2 \cdot q + 3 \cdot q^2 + \ldots + n \cdot q^{n-1}$$

die Summenformel

$$s_n = \frac{1 - (n+1) \cdot q^n + n \cdot q^{n+1}}{(1-q)^2}$$

Lösung:

1. Lösungsweg (vollständige Induktion):

Die Summenformel sei richtig für n. Dann gilt

$$s_{n+1} = 1 + 2 \cdot q + 3 \cdot q^2 + \ldots + n \cdot q^{n-1} + (n+1) \cdot q^n$$

$$= \frac{1 - (n+1) \cdot q^n + n \cdot q^{n+1}}{(1-q)^2} + (n+1) \cdot q^n$$

$$= \frac{1 - (n+1) \cdot q^n + n \cdot q^{n+1} + (1 - 2 \cdot q + q^2) \cdot (n+1) \cdot q^n}{(1-q)^2}$$

$$= \frac{1 - (n+2) \cdot q^{n+1}(n+1) \cdot q^{n+2}}{(1-q)^2}$$

was die behauptete Formel für $n+1$ darstellt.

2. Lösungsweg (mit Hilfe der Ableitung der Summenformel (1.5)):

Wir betrachten dabei die Summen

$$s_n = 1 + 2 \cdot q + 3 \cdot q + \ldots + n \cdot q$$

und können die einzelnen Summanden schreiben als

$$k \cdot q^{k-1} = \frac{d}{dq}(q^k)$$

Da die Bildung der Ableitung eine lineare Operation ist, kann die Ableitung mit der Summenbildung vertauscht werden. Dies ergibt dann wiederum mit Hilfe der Summenformel (1.5) im Einzelnen:

$$s_n = \sum_{k=0}^{n} k \cdot q^{k-1} = \sum_{k=0}^{n} \frac{d}{dq}(q^k) = \frac{d}{dq}\left(\sum_{k=0}^{n} q^k\right) =$$

$$= \frac{d}{dq}\left((1 - q^{n+1})/(1-q)\right) =$$

$$= \left(1 - (n+1) \cdot q^n + n \cdot q^{n+1}\right)/(1-q)^2$$

(Dieser Lösungsweg erfordert einige Kenntnisse aus der Differentialrechnung.)

3. Lösungsweg (Mehrfachsummenbildung):

Wir schreiben dabei die Summe s_n als

$$s_n = 1 + 2 \cdot q + 3 \cdot q^2 + \ldots + n \cdot q^{n-1}$$

$$= 1 + q + q^2 + \ldots + q^{n-1} +$$

$$+ q + q^2 + \ldots + q^{n-1} +$$

$$+ q^2 + \ldots + q^{n-1} +$$

$$+ \ldots$$

$$= \sum_{i=0}^{n} \sum_{k=i+1}^{n} q^{k-1} = \sum_{i=0}^{n} \left(q^i \cdot \frac{q^{n-i-1} - 1}{q - 1} \right) =$$

$$= \left(1/(q-1) \right) \left[\sum_{i=0}^{n} q^n - \sum_{i=0}^{n} q^i \right]$$

$$= 1/(q-1) \cdot \left[(n+1) \cdot q^n - \frac{q^{n+1} - 1}{q - 1} \right]$$

$$= \frac{1 - (n+1) \cdot q^2 + n \cdot q^{n+1}}{(1-q)^2} \cdot \square$$

Neben den geometrischen Summen spielen auch noch die etwas einfacheren arithmetischen Summen eine Rolle. Eine der einfachsten dieser Art von Summen hat die Form

$$\tilde{a}_n = 1 + 2 + 3 + \ldots + n$$

und es gilt für sie die Summenformel

$$\tilde{a}_n = n \cdot (n+1)/2 \tag{1.7}$$

Der Beweis ist einfach und kann wie folgt durchgeführt werden:

$$2 \cdot a_n = (1 + n) + (2 + n - 1) + \ldots + (n + 1) = n \cdot (n + 1)$$

Aufgabe 1.16: Man gebe eine Summenformel für die beiden folgenden arithmetischen Summen an:

$$b_n = 2 + 4 + 6 + \ldots + 2n$$

$$c_n = 1 + 3 + 5 + \ldots + 2n + 1$$

Lösung: $\quad b_n = 2 \cdot (1 + 2 + 3 + \ldots + n) = 2 \cdot a = n \cdot (n + 1)$

$$c_n = 1 + (2 + 1) + (4 + 1) + \ldots + (2n + 1) = n + 1 + b_n =$$

$$= n + 1 + n \cdot (n + 1) = (n + 1)^2 . \ \Box$$

Die allgemeine Form der arithmetischen Summe ist gegeben durch

$$a_n = a + (a + d) + (a + 2d) + \ldots + (a + n \cdot d) \qquad (1.8)$$

Für diese gilt dann die Summenformel

$$a_n = (n + 1) \cdot a + d \cdot n \cdot (n + 1)/2 \qquad (1.9)$$

Sie ergibt sich mit Hilfe der Summenformel (1.7) durch folgende Überlegungen:

$$a_n = a + (a + d) + (a + 2d) + \ldots + (a + n \cdot d) =$$

$$= (n + 1) \cdot a + d \cdot (1 + 2 + 3 + \ldots + n) = (n + 1) \cdot a + d \cdot n \cdot (n + 1)/2$$

Aufgabe 1.17: Wie ist bei der allgemeinen arithmetischen Summe (1.8) die Größe d zu wählen damit $a_n = 2 \cdot n \cdot a$ gilt?

Lösung: Man setze $2 \cdot n \cdot a = a_n = (n + 1)a + d \cdot n \cdot (n + 1)/2$ und erhält damit die Gleichung

$$(n - 1)a = d \cdot n \cdot (n + 1)/2$$

was die Lösung $d = \dfrac{2a(n - 1)}{n(n - 1)}$ ergibt. $\Box$

Aufgabe 1.18: In der allgemeinen arithmetischen Summe (1.8) sei $a = 30$ gesetzt. Wie muß d gewählt werden damit $a_3 = 100$ gilt?

Lösung: $100 = 3 \cdot 30 + 3 \cdot d$ liefert die Lösung $d = 10/3$. $\square$

In der Finanzmathematik spielen die Polynome eine wichtige Rolle. Ihre zugehörigen Funktionsausdrücke haben, in Normaldarstellung, die folgende Gestalt:

$$p(x) = a_n \cdot x^n + a_{n-1} \cdot x^{n-1} + \ldots + a_0 \tag{1.10}$$

Polynome sind für alle Argumente definiert.

Ein Polynom p ist durch seine $n + 1$ Koeffizienten in der Darstellung $p(x)$ von (1.10) eindeutig definiert. Ist $a_n \neq 0$, dann heißt das Polynom p vom Grad n.

Der zum Polynom p in der Darstellung (1.10) gebildete Funktionsausdruck der Gestalt

$$p'(x) = n \cdot a_n \cdot x^{n-1} + (n-1) \cdot a_{n-1} \cdot x^{n-2} + \ldots + a_1$$

definiert ebenfalls ein Polynom, nämlich die erste Ableitung p' von p.

Bei Berechnung besteht oftmals die Aufgabe in der Berechnung des Polynoms p der Gestalt (1.10) für einen bestimmten Wert von x. Diese Berechnung kann durch das folgende, rationelle HORNER-Schema erfolgen. Um dieses herzuleiten denken wir uns den Ausdruck $p(x)$ in (1.10) folgendermaßen geklammert hingeschrieben:

$$p(x) = \left(\ldots \left((a_n \cdot x + a_{n-1}) \cdot x + a_{n-2} \right) \cdot x + \ldots + a_1 \right) \cdot x + a_0$$

Berechnen wir nun die Klammerschachtelung wie üblich "von innen heraus", dann haben wir in wiederholter Weise stets den gleichen Rechenvorgang auszuführen (Rekursion). Dies gibt Anlaß zu folgendem Algorithmus:

$$p_0 = a_n;$$

für $i = 1(1)n$ setze $p_i = p_{i-1} x + a_{n-i};$

$$p(x) = p_n;$$

(HORNER-Schema zur Berechnung von $p(x)$)

(Man kann nun den Ausdruck für p' in gleicher Weise schreiben und auch dafür das HORNER-Schema hinschreiben. Gebräuchlicher ist jedoch das sogenannte automatische Differenzieren, bei welchem das obige HORNER-Schema in algorithmischer Form einfach formal nach den Regeln des Differenzierens von Ausdrücken (Summen- und Produktregel) differenziert wird. Dadurch entsteht ein neues Schema, welches nach seiner Durchrechnung dann automatisch den Wert der Ableitung von p an der Stelle x, nämlich $p'(x)$ berechnet. Beide Rechenschemen nehmen aufeinander Bezug und können in einer einzigen Vorschrift zusammengefaßt werden. Dies ist der folgende Algorithmus:

$$p_0 = a_n; \; p'_0 = 0;$$

$$\text{für } \; i = 1(1)n \; \text{ setze } \; \left(p_i = p_{i-1} \cdot x + a_{n-i}; \; p'_i = p'_{i-1} \cdot x + p_{i-1}; \right)$$

$$p(x) = p_n; \; p'(x) = p'_n$$

Viele Rechenverfahren - insbesondere beim Lösen von nichtlinearen Gleichungen - benötigen Funktions- und Ableitungswerte gleichzeitig. Dafür kann dann bei Polynomen das angegebene Schema eingesetzt werden.)

Ein Wert r heißt Nullstelle oder Wurzel des Polynoms p wenn $p(r) = 0$ gilt. Falls dazu $p'(r) \neq 0$ gilt, heißt r einfache Nullstelle.

Manchmal ist in der Finanzmathematik - wie bei der Effektivzinssatzberechnung nach der Preisangabenverordnungsmethode bei zweijähriger Laufzeit - eine quadratische Gleichung zu lösen. Dazu gibt es eine explizite Lösungsformel.

Um diese kurz herzuleiten gehen wir von der quadratischen Gleichung in der allgemeinen Gestalt

$$p(x) = a \cdot x^2 + b \cdot x + c = 0$$

oder besser

$$p(x)/a = x^2 + (b/a) \cdot x + c/a = 0, \; a \neq 0$$

aus. Durch quadratische Ergänzung erhalten wir

$$x + (b/a) \cdot x + c/a = x^2 + 2 \cdot (b/(2 \cdot a)) \cdot x + b^2/(4 \cdot a^2) -$$

$$-b^2/(4 \cdot a^2) + c/a = 0$$

oder mit Hilfe der binomischen Formel (1.1) geschrieben

$$(x + b/(2 \cdot a))^2 = b^2/(4 \cdot a^2) - c/a$$

Zieht man die Wurzel aus der Gleichung, dann ergibt sich

$$x + b/(2 \cdot a) = \pm \sqrt{(b^2 - 4 \cdot a \cdot c)}/(2 \cdot a)$$

oder nach x aufgelöst

$$x = \left(-b \pm \sqrt{(b^2 - 4 \cdot a \cdot c)}\right)/(2 \cdot a)$$

(Es gibt Datensätze, wo diese Formel bei Auswertung auf dem Rechner mit Hilfe von Gleitkommaarithmetik zu falschen Ergebnissen führt. Dann empfiehlt sich die etwas stabilere Version, die sich aus obiger Formel ableiten läßt, als

$$x_1 = \left(-b - (sign(b))\sqrt{(b^2 - 4 \cdot a \cdot c)}\right)/(2 \cdot a), \; x_2 = \frac{c}{x_1})$$

Von den Wurzeln eines Polynoms interessieren in der Finanzmathematik vor allem die positiven, denn die Aufzinsfaktoren q werden später als positiv vorausgesetzt und durch eine Polynomgleichung bestimmt, wie wir später sehen werden.

Für die Anzahl der positiven Nullstellen eines beliebigen Polynoms in der Darstellung (1.10) gilt eine Regel, die es gestattet aus einer Eigenschaft der Koeffizienten des Polynoms auf deren Zahl zu schließen. Sie lautet:

(Vorzeichenregel von DESCARTES): *Die Anzahl der positiven Nullstellen eines Polynoms in der Darstellung (1.10) ist gleich der Anzahl der Vorzeichenwechsel seiner Koeffizientenfolge $a_n, a_{n-1}, \ldots, a_1, a_0$ oder um eine gerade Zahl kleiner.*
(Ein Vorzeichenwechsel in der Koeffizientenfolge tritt an der Stelle a_m ein, wenn nach vorheriger Streichung aller Koeffizienten mit Wert 0 $a_{m-1} \cdot a_m < 0$ gilt.)

Beispiele:

(a) Das Polynom mit $p(x) = x^2 + x + 1$ hat in seiner Koeffizientenfolge keinen Vorzeichenwechsel und auch keine positive - ja auch keine reelle - Wurzel.

(b) Das Polynom mit $p(x) = x^2 - 4$ hat in seiner Koeffizientenfolge einen Vorzeichenwechsel und damit genau eine (einfache) Wurzel nämlich $x = 2$.

(c) Das Polynom mit $p(x) = x^2 - x + 1$ hat zwei Vorzeichenwechsel in seiner Koeffizientenfolge aber keine positive Wurzel - noch nicht einmal eine reelle.

(d) Das Polynom mit $p(x) = x^2 - 2 \cdot x + 1$ hat zwei Vorzeichenwechsel in seiner Koeffizientenfolge (wie das Polynom in (c)) aber die zweifache positive Wurzel $x = 1$. Es läßt sich nämlich nach der binomischen Formel (1.1) schreiben als $p(x) = (x - 1)^2$.

Neben dieser allgemeinen Aussage, die die Anzahl der positiven Nullstellen eines Polynoms p manchmal nur grob angeben läßt (siehe Beispiel (c) und (d)), braucht man oft eine konkrete Aussage über die gesicherte Existenz einer Nullstelle. Dazu kann der Zwischenwertsatz der Analysis dienen. Er gilt stets für Polynome, denn es läßt sich einfach zeigen, daß Polynome stetige Funktionen sind. Der Zwischenwertsatz lautet:

Gilt auf einem Intervall $[a, b]$ für das Polynom

$$p(a) \cdot p(b) < 0$$

dann besitzt p im Intervall $[a, b]$ mindestens eine Nullstelle.

Beispiel: p wie im obigen Beispiel (b). Es gilt $p(1) = -3$ und $p(3) = 5$, also hat p im Intervall $[1, 3]$ mindestens eine Nullstelle (sie lautet $x = 2$).

Oftmals läßt sich die positive Nullstelle eines Polynoms nicht explizit berechnen sondern höchstens durch Anwendung eines numerischen Iterationsverfahrens. Man möchte aber trotzdem einen expliziten Ausdruck dafür, wenn auch nur in Form einer oberen und/oder unteren Schranke dafür kennen. Hierbei hilft manchmal das sogenannte Monotonieprinzip. Es läßt sich folgendermaßen formulieren:

Im Intervall $[a, \infty]\,(a \geq 0)$ *besitzen die beiden Polynome* p *und* q *nur jeweils eine Nullstelle* x_p *bzw.* x_q*. Für große Werte von* x*, d. h. für* $x \to +\infty$ *streben beide Polynomwerte* $p(x), q(x) \to +\infty$*. Gilt auf dem Intervall* $[a, \infty]$ *für die beiden Polynome* p *und* q

$$p(x) \geqq q(x),\ x \geqq a$$

dann erfüllen die Wurzeln die Ungleichung

$$x_p \leqq x_q$$

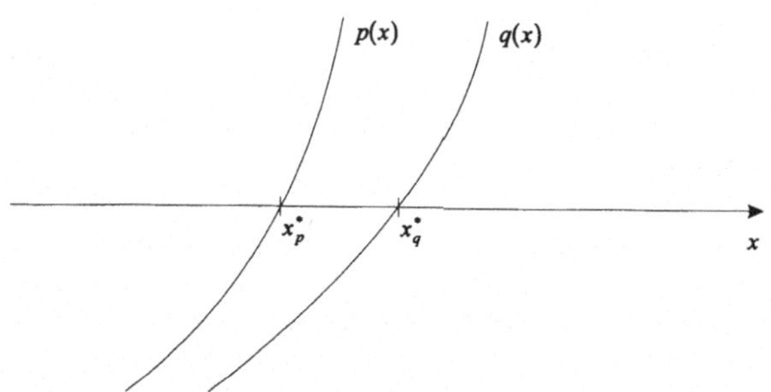

Der Beweis dieses Monotoniesatzes ist anschaulich klar, er kann aber auch kurz formal erbracht werden. Wir setzen dazu in $q(x)$ den Wert $x = x_p$ ein und erhalten $q(x_p) \leqq p(x_p) = 0$. Somit muß wegen des Zwischenwertsatzes und da $q(x) \to +\infty$ für $x \to +\infty$ galt, x_q rechts von x_p liegen. Damit ist die Ungleichung bewiesen.

Angewendet kann dieses elementare Abschätzungsprinzip z. B. in der Weise, daß man eines der Polynome p oder q so wählt, daß seine Wurzel einfach explizit bestimmt werden kann. Dann gibt sie damit eine Schranke für die Wurzel des anderen Polynoms an, die nicht mehr so einfach berechenbar ist aber interessiert.

Aufgabe 1.19: Gegeben ist das Polynom p mit dem Polynomausdruck

$$p(x) = x^2 - 2 \cdot x^{n-1} - 2^2 \cdot x^{n-2} - \ldots - 2^{n-1} \cdot x - 2^n$$

Man beweise für die eindeutige positive Wurzel x_0 von p die Abschätzung

$$2 \cdot \sqrt[n]{n} < x_0 < 2(2^n - 1) \cdot$$

Lösung: Zunächst gilt, daß

$$p(2) = 2^n - 2 \cdot 2^{n-1} - \ldots - 2^n = 2^n - n \cdot 2^n < 0$$

ist und daß offenbar $p(x) \to +\infty$ für $x \to +\infty$.

Damit liegt die Nullstelle im Intervall $[2, +\infty)$ nach dem Zwischenwertsatz.

Zur Herleitung einer besseren Unterschranke beobachten wir, daß für $x \geq 2$ stets gilt

$$p(x) \leq x^n - 2 \cdot 2^{n-1} - 2^2 \cdot 2^{n-2} - \ldots - 2^n = x^n - n \cdot 2^n = q(x)$$

Also folgt, daß die positive Wurzel von q eine Unterschranke für x_0 ist.

Eine - wenn auch grobe - Oberschranke erhalten wir durch die Beobachtung, daß für $x \geq 2$ stets

$$p(x) \geq x^n - x^{n-1} \sum_{n=1}^{n} 2^\nu = x^{n-1}\left(x - 2(2^n - 1)\right) = q(x)$$

gilt. Somit ist die positive Wurzel von q diesmal eine Oberschranke für x_0. Damit ist aber alles bewiesen. $\square$

Bemerkung zur Aufgabe 1.19: Mit Hilfe ähnlicher Überlegungen wie später in Aufgabe 5.6 gemacht werden, läßt sich sogar $x_0 < 4$ und $\lim_{n \to \infty} x_0 = 4$ zeigen. Dies soll kurz angedeutet werden. Man betrachte die (gleiche) positive Nullstelle des Polynoms

$$s(x) = p(x)/2^n = (x/2)^n - (x/2)^{n-1} - \ldots - 1$$

Das Polynom hat die Gestalt der Polynome in Aufgabe 5.6, wenn man die Variablentransformation $t = x/2$ durchführt und dort $a = 1$ setzt. Dann ergibt sich nach Aufgabe 5.6 die Schranke $x_0 < 2 \cdot 2 = 4$. Da in Aufgabe 5.7 auch die Konvergenz von u_0 gegen 2 gezeigt wurde, gilt hier entsprechend $\lim_{n \to \infty} x_0 = 4$.

§ 2 Zinsrechnung

2.1 Einfache Verzinsung (lineare Verzinsung)

Bei der einfachen (oder linearen) Verzinsung verändert sich das eingesetzte und zu verzinsende Kapital K_0 nach Ablauf von n Zinsperioden (meist Jahren) nach der Formel

$$K_n = K_0 \cdot (1 + n \cdot i), \, i > -1, \, n = 1, 2, \ldots \tag{2.1}$$

Dabei ist i der Zinssatz pro Periode (in Dezimalen) oder

$$p = 100 \cdot i\%$$

in Prozenten ausgedrückt. Unter Abzinsung (oder Diskontierung) versteht man den umgekehrten Prozeß, wobei der ursprüngliche Wert K_0 (Barwert) des Kapitals aus gegebenem Wert K_n bei bekanntem i sich nach der Formel

$$K_0 = K_n \cdot \frac{1}{1 + n \cdot i}, \, i > -1, \, n = 1, 2, \ldots \tag{2.2}$$

berechnet. Schließlich läßt sich bei bekanntem Wert von K_0 und K_n (und damit implizit auch n) der zugrundeliegende Zinssatz i aus der Formel

$$i = \frac{K_n - K_0}{n \cdot K_0} \tag{2.3}$$

ermitteln.

Ist dagegen K_0, K_n (bei unbekanntem n) und i gegeben, dann läßt sich der benötigte Zinszeitraum n nach der Formel

$$n = \frac{K_n - K_0}{K_0 \cdot i} \tag{2.4}$$

finden.

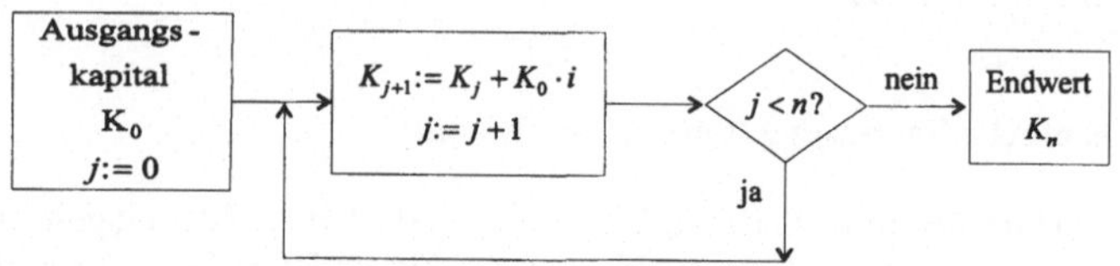

Abb. 2.1: Schematischer Ablauf bei einfacher Verzinsung

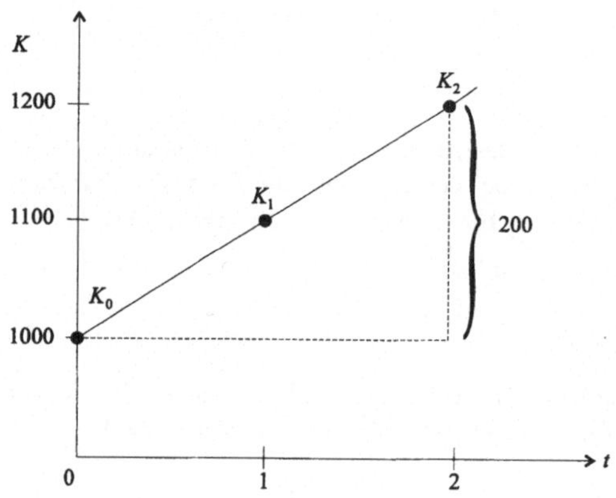

Abb. 2.2: $K_0 = 1000$, $p = 10\%$

Aufgabe 2.1: Ein Kapital von $K_0 = 1000$ wird mit $i = 0.08$ über 5 Jahre einfach verzinst und ein Kapital $K'_0 = 950$ mit $i = 0.095$ über 4 Jahre. Welche Anlage bringt mehr an Zinsen?

Lösung: Nach Formel (2.1) gelten

$$K_5 = 1000 \cdot (1 + 5 \cdot 0.08) = 1000 \cdot 1.4 = 1400,$$
$$K'_4 = 800 \cdot (1 + 4 \cdot 0.095) = 950 \cdot 1.38 = 1311$$

Die Zinsen bei K_5 sind 400, die bei K'_4 dagegen 361, also weniger. $\square$

Aufgabe 2.2: Ein Kapital $K_0 = 1000$ soll bei $i = 0.06$ auf den Wert 1480 bei einfacher Verzinsung anwachsen. Wie lange muß das Kapital K_0 verzinst werden?
Lösung: Mit Hilfe von Formel (2.4) ergibt sich der Wert

$$n = \frac{1480 - 1000}{1000 \cdot 0.06} = \frac{480}{0.06} = 8 \text{ (Jahre)}. \quad \square$$

Aufgabe 2.3: Ein Kapital von $K_0 = 1000$ wird über 5 Jahre mit $i = 0.06$ einfach verzinst. Wie groß muß ein entsprechendes Kapital K'_0 gewählt werden, damit es nach 6 Jahren bei einfacher Verzinsung mit $i = 0.07$ auf denselben Wert anwächst wie K_5 angibt?

Lösung: Mit Formel (2.1) errechnet man

$$K_5 = 1000 \cdot (1 + 5 \cdot 0.06) = 1000 \cdot 1.3 = 1300$$

nach Formel (2.2) ergibt sich dann

$$K'_0 = \frac{K_6}{1 + 6 \cdot 0.07} = \frac{1300}{1.42} = 915,49. \quad \square$$

Aufgabe 2.4: Wie hoch muß ein Kapital K_0 gewählt werden, damit es nach Ablauf von 6 Jahren bei einfacher Verzinsung mit $i = 0.04$ genau Zinsen in Höhe von 240 bringt?

Lösung: Nach Formel (2.1) gilt

$$K_n = K_0 \cdot (1 + n \cdot i) \quad \text{oder} \quad K_n - K_0 = K_0 \cdot n \cdot i$$

Somit erhalten wir in unserem Falle

$$240 = K_0 \cdot (1 + 6 \cdot 0.04) = K_0 \cdot 0.24$$

oder schließlich nach K_0 aufgelöst

$$K_0 = \frac{240}{0.24} = 1000. \quad \square$$

Aufgabe 2.5: Man leite eine Formel für die Anzahl n der Jahre her, die vergehen bis bei einfacher jährlicher Verzinsung sich das Ausgangskapital verdoppelt und gebe die Werte für $p = 3\%$ und $p = 6\%$ an.

Lösung: Es gilt die Gleichung

$$K_0 \cdot (1 + n \cdot i) = 2 \cdot K_0$$

oder nach n aufgelöst

$$n = \frac{1}{i}$$

Speziell ergibt sich für

$$i = 0.03 \quad \text{dann} \quad n = 33.33 \quad \text{oder mindestens 34 Jahre,}$$

$$i = 0.06 \quad \text{dann} \quad n = 16.67 \quad \text{oder mindestens 17 Jahre.} \quad \square$$

2.2 Verzinsung mit Zinseszins (geometrische Verzinsung)

Bei der geometrischen Verzinsung gilt, daß das Kapital K_0 nach Abschluß von n Zinsperioden (meist Jahren) auf den Wert

$$K_n = K_0 \cdot (1 + i)^n, \ n > -1 \ \ n = 1, 2, \ldots \tag{2.5}$$

angewachsen ist. Dementsprechend erhalten wir als Barwert (oder diskontierten Wert) das Kapital K_n jetzt

$$K_0 = \frac{K_n}{(1 + i)^n}, \ i > 1, n = 1, 2, \ldots \tag{2.6}$$

Bei gegebenem K_0, K_n (und implizit n) ergibt sich dann der zugehörige Zinssatz i aus der Formel

$$i = \sqrt[n]{\frac{K}{K_0}} - 1 \tag{2.7}$$

Falls nun K_0, K_n (bei unbekannten n) und i gegeben sind, errechnet sich die Anzahl der Zinsperioden aus

$$n = \frac{\log \frac{K_n}{K_0}}{\log(1+i)}, \; i > -1 \tag{2.8}$$

Wegen der BERNOULLIschen Ungleichung (1.3) gilt für die Aufzinsfaktoren in den Gleichungen für die Verzinsung bei einfacher Verzinsung (2.1) im Vergleich zur geometrischen Verzinsung in (2.5)

$$(1+i)^n > 1 + n \cdot i, \; i > -1$$

Im Falle von $i > 0$ wächst also das Kapital K_n bei Verzinsung mit Zinseszins schneller an als bei einfacher Verzinsung.

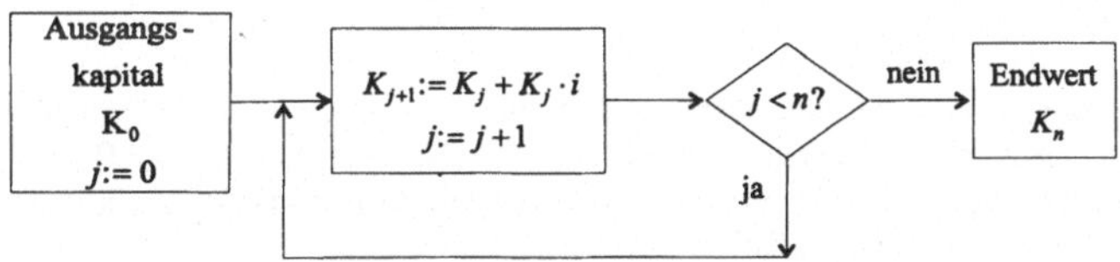

Abb. 2.3: Schematischer Ablauf bei geometrischer Verzinsung

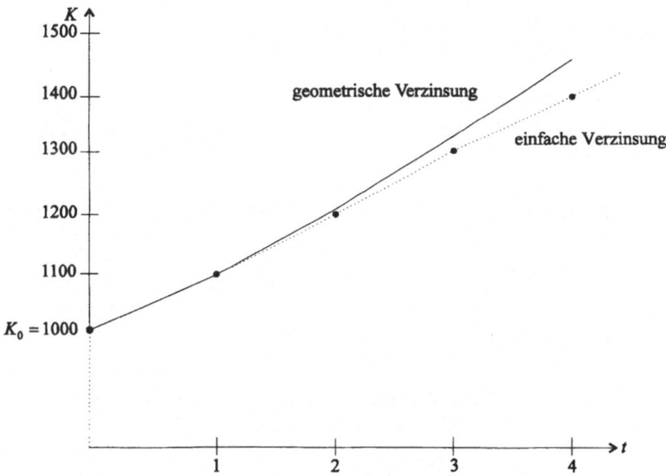

Abb. 2.4: Einfache und geometrische Verzinsung

Aufgabe 2.6: Ein Kapital von 1000 wächst bei geometrischer Verzinsung über 6 Jahre auf 1300 an. Wie groß ist der Zinssatz? Wie groß wäre der Zinssatz unter denselben Bedingungen bei linearer Verzinsung?

Lösung: Nach Formel (2.7) ergibt sich bei geometrischer Verzinsung

$$i = \sqrt[6]{\frac{1300}{1000}} - 1 = 0.0447$$

Bei linearer Verzinsung ergibt sich der entsprechende Wert von i aus Formel (2.3) als

$$i = \frac{1300 - 1000}{6 \cdot 1000} = \frac{0.3}{6} = 0.05. \;\square$$

Aufgabe 2.7: Zwei Geldanlagen stehen zum Vergleich an. Es soll über 10 Jahre Verzinsung mit Zinseszins vereinbart sein. Das eine Mal bei $i = 0.05$. Das andere Mal soll der Betrag von 600 nach 10 Jahren mit 1000 zurückbezahlt werden. Bei welcher Anlage ist der Zinssatz höher?

Lösung: Nach Formel (2.7) ergibt sich für die zweite Anlage ein Zinssatz von

$$i = \sqrt[10]{\frac{1000}{600}} - 1 = 0.0524 > 0.05. \;\square$$

Aufgabe 2.8: Welche der beiden Geldanlagen wirft die größere Rendite (absolut genommen) ab: 5 Jahre einfache Verzinsung mit $i = 0.06$ oder 4 Jahre geometrische Verzinsung mit $i = 0.065$?

Lösung: Nach den Formeln (2.1) und (2.5) ergibt sich jeweils ein Akkumulationsfaktor von

$$1 + 5 \cdot 0.06 = 1.3 \quad \text{bei der linearen Verzinsung}$$

und dazu im Vergleich nur

$$(1 + 0.065)^4 = 1.286 \quad \text{bei geometrischer Verzinsung.} \;\square$$

Aufgabe 2.9: Man gebe eine möglichst einfache untere Schranke für die Differenz der Aufzinsfaktoren bei geometrischer zu einfacher Verzinsung an, wobei

$i > 0$ sein soll. Damit gebe man eine einfache Formel für die Mindestzahl n der Zinsperioden an, damit der Unterschied mindestens 10% vom Ursprungskapital ausmacht. Was ergibt sich dabei für den Zinssatz $i = 0.03$?

Lösung: Es gilt bei geometrischer Verzinsung

$$(1+i)^n = 1 + n \cdot i + \frac{n \cdot (n-1)}{2} i^2 + \ldots > 1 + n \cdot i + \frac{n \cdot (n-1)}{2} i^2$$

Also folgt also

$$(1+i)^n - (1 + n \cdot i) > \frac{n \cdot (n-1)}{2} i^2 > \frac{(n-1)^2}{2} i^2$$

Nun soll gelten

$$\frac{(n-1)^2}{2} i^2 \geq 0.1$$

oder

$$(n-1)^2 \geq 0.2/i^2 \quad \text{oder} \quad n \geq \frac{\sqrt{0.2}}{i} + 1. \quad \square$$

Für $i = 0.03$ ergibt sich $n = 11.54$ oder $n \geq 12$.

Mit Hilfe des Gleichungslösers eines Taschenrechners (siehe § 0) kann die Gleichung für $i = 0.03$ auf folgende Weise gelöst werden:

$$[0] \ [.] \ [1] \ [ALPHA] \ [=] \ [ALPHA] \ [I] \ [x^2] \ [\times] \ [(] \ [ALPHA] \ [N]$$

$$[-] \ [1] \ [)] \ [x^2] \ [/] \ [2] \ [ENTER]$$

Nach Eingabe des Wertes für die Variable i durch $[0] \ [.] \ [0] \ [3] \ [ENTER]$ und des Näherungswertes für n durch $[2] \ [.] \ [ENTER]$ wird nach drücken der Taste $[SOLVE]$ der Wert für n $N = 11.54092553$ berechnet. Also muß $n \geq 12$ gelten. $\square$

Aufgabe 2.10: Ein Arbeitgeber vereinbart mit einer Gruppe seiner Mitarbeiter eine jährliche Lohnerhöhung von 2%. Für eine andere Gruppe macht er einen Abschlag von 10% bei einer entsprechenden Erhöhung, also um 0.2%. Wenn beide Gruppen mit dem gleichen Ausgangslohn starten, wann verdient die erste Gruppe doppelt soviel wie die zweite? Wie groß wäre der Unterschied nach 20 Jahren bei beiden Lohngruppen gemessen am ursprünglichen Lohn?

Lösung: Die Aufzinsfaktoren sind jeweils

$$(1 + 0.02)^n \quad \text{und} \quad (1 + 0.018)^n$$

Es soll gelten

$$(1 + 0.02)^n = 2 \cdot (1 + 1.018)^n$$

oder

$$\left(\frac{1.02}{1.018} \right)^n = 2$$

Dies ergibt die Gleichung

$$n = \frac{\ln 2}{\ln 1.02 - \ln 1.018} = 353.16$$

Nach Jahren ergibt sich für $n = 20$ ein Unterschied in den Akkumulationsfaktoren von

$$1.02^{20} - 1.018^{20} = 0.0572$$

Also verdient die zweite Gruppe nach 20 Jahren um 5.72% weniger an Lohn als die erste gemessen am ursprünglichen Lohn, d. h. der Gesamtlohnzuwachs fällt um 5.72% geringer aus. $\square$

Aufgabe 2.11: Wie ist der Wert eines Kapitals K_0 zu wählen, damit nach 10 Jahren bei jährlicher Verzinsung mit Zinseszins bei 3% der gleiche Endbetrag wie bei einem Ausgangskapital von 1000 bei 4% Verzinsung erreicht wird?

Lösung: Es gilt

$$1000 \cdot 1.04^{10} = 1480.24 = K_0 \cdot 1.03^{10} = K_0 \cdot 1.343916$$

oder aufgelöst nach K_0

$$K_0 = 1480.24/1.343916 = 1101.44. \quad \square$$

Aufgabe 2.12: Es gelte eine jährliche Verzinsung mit Zinseszins. Man leite eine Formel her für die Anzahl der Jahre n nach denen sich das Ausgangskapital verdoppelt hat. Was ergibt sich für $p = 3\%$ und $p = 6\%$?

Lösung: Es muß gelten

$$K_0 \cdot (1+i)^n = 2 \cdot K_0$$

oder durch Logarithmieren und Auflösen nach n

$$n = \frac{\log 2}{\log(1+i)}$$

Speziell ergibt sich für

$$i = 0.03 \quad \text{dann} \quad n = 23.45 \quad \text{oder mindestens 24 Jahre,}$$

$$i = 0.06 \quad \text{dann} \quad n = 11.9 \quad \text{oder mindestens 12 Jahre.} \ \Box$$

Aufgabe 2.13: Man gebe bei jährlicher Verzinsung mit Zinseszins eine möglichst einfache untere Schranke für die Anzahl der Jahre n an nach der sich das Anfangskapital verdoppelt. Speziell für $p = 3\%$ und $p = 6\%$ berechne man danach den Wert von n und vergleiche diese Zahl mit dem Ergebnis aus Aufgabe 2.11.

Lösung: Wie in Aufgabe 2.11 ergibt sich für n die exakte Formel

$$n = \frac{\ln 2}{\ln(1+i)}$$

Da für $i > -1$ aus der Analysis die Beziehung

$$\ln(1+i) \le i$$

bekannt ist, folgern wir daraus mit Hilfe der obigen Formel die Ungleichung

$$n \ge \frac{\ln 2}{i} > \frac{0.69314}{i}$$

Speziell ergibt sich daraus für

$$i = 0.03 \quad \text{der Wert} \quad n \geq 23.1 \quad (\text{oder mindestens 24 Jahre})$$

$$i = 0.06 \quad \text{der Wert} \quad n \geq 11.55 \quad (\text{oder mindestens 12 Jahre}). \quad \square$$

Aufgabe 2.14: Man gebe eine möglichst einfache obere Schranke für den Unterschied in der Anzahl der Jahre n, die nötig sind um das Ausgangskapital zu verdoppeln bei einfacher jährlicher Verzinsung und bei jährlicher Verzinsung mit Zinseszins an. (Vergleiche Aufgaben 2.5 und 2.11). Was ergibt sich für $p = 3\%$, 6%?

Lösung: Es ergaben sich in Aufgabe 2.5 der Wert

$$n = \frac{1}{i}$$

und in Aufgabe 2.11 der Wert

$$n = \frac{\ln 2}{\ln(1 + i)}$$

Damit erhalten wir für die Differenz der beiden Zahlen

$$n = \frac{1}{i} - \frac{\ln 2}{\ln(1 + i)}$$

oder nach Einsetzen der unteren Schranke für die zweite Zahl aus Aufgabe 2.12 dann schließlich die einfache Formel

$$n < \frac{1}{i} - \frac{0.69314}{i} = \frac{0.30686}{i}$$

Speziell ergibt sich für

$$i = 0.03 \quad \text{dann} \quad 10.23 \quad (\text{exakt ist } 10.12),$$

$$i = 0.06 \quad \text{dann} \quad 5.11 \quad (\text{exakt ist } 4.77). \quad \square$$

2.3 Unterjährliche Verzinsung, Effektivzinssatz

Wird ein Kapital K_0 nicht über einen vollen Jahreszeitraum verzinst, dann erhebt sich die Frage nach der Berechnung des auf diesen kürzeren Zeitraum anzuwendenden Zinssatzes aus dem gegebenen Jahreszinssatz i. Dabei kann der kürzere Zinszeitraum selbst wieder das Verzinsungsintervall bei der Ermittlung von Zinseszinsen sein. Man unterscheidet zwischen zwei praktisch wichtigen Berechnungsvorschriften:

(a) Der linear proportionale Zinssatz i_m, welcher bei einem Zinsintervall von $1/m$ Jahr sich nach der Formel

$$i_m = i/m, \; (m \geq 1) \tag{2.9}$$

berechnet.

(b) Der konforme Zinssatz $i_{k,m}$ berechnet sich bezogen auf den Zeitraum $1/m$ Jahr gemäß der Formel

$$i_{k,m} = \sqrt[m]{1+i} - 1, \; (m \geq 1) \tag{2.10}$$

Es gilt die Beziehung

$$(1 + i_m)^m = (1 + i/m)^m \geq 1 + i = (1 + i_{k,m})^m$$

woraus dann schließlich

$$i_m \geq i_{k,m}$$

folgt.

Bemerkung: Während die Rechenvorschrift (2.9) der PAngV zugrunde liegt, wird der künftige EU-einheitliche Effektivzinssatz bei Anwendung von (2.10) berechnet werden.

Neben diesen beiden anteiligen Zinssätzen bei unterjährlicher Verzinsung gibt es noch einen weiteren, fiktiven und aufs Jahr bezogenen Zinssatz, den sog. Effektivzinssatz i_e. Er ist definiert als derjenige jährliche Zinssatz, welcher erhoben werden müßte damit der gleiche Jahreszins anfällt, wie bei Verzinsung mit Zinseszinsen bei einem unterjährlichen Zinssatz.

Bei Anwendung des linear proportionalen Zinssatzes i_m in (a) ergibt sich der Effektivzinssatz i_e aus der Formel

$$i_e = (1 + i/m)^m - 1, \; (m \geq 1) \tag{2.11}$$

Beim konformen Zinssatz $i_{k,m}$ ergibt als Effektivzinssatz i_e gleich der ursprüngliche Jahreszinssatz i. (Dies kann umgekehrt auch Ausgangspunkt für die Definition des konformen Zinssatzes sein.)

Im Vergleich von i_e und i_m gilt:

$$i_e = (1 + i/m)^m - 1 \geq i \quad \text{(im Falle (a))}$$

Damit gilt für beiden Arten des unterjährlichen Zinssatzes i_m und $i_{k,m}$ insgesamt die Ungleichung

$$i_e \geq i$$

Zusammenfassend können wir feststellen, daß es bei unterjährlicher Verzinsung drei verschiedene Zinssätze gibt:

(1) Den nominellen (aufs Jahr bezogenen) Zinssatz i.

(2) Den anteiligen unterjährlichen Zinssatz i_m oder $i_{k,m}$.

(3) Den (fiktiven und aufs Jahr bezogenen) Effektivzinssatz i_e.

Aufgabe 2.15: Ein Kapital K_0 wird einmal zu 6% für ein Jahr verzinst und ein anderes Mal zu 2.9% zweimal 1/2 Jahr mit Zinseszins. Welche Geldanlage bringt mehr Zins?

Lösung: Es gilt

$$(1 + 0.029)^2 = 1.0588$$

Also bringt die zweite Anlage nur $K_0 \cdot 0.0588$ an Zinsen und damit weniger als die erste mit $K_0 \cdot 0.06$. $\square$

Aufgabe 2.16: Welche Verzinsung ergibt einen höheren Effektivzinssatz: Halbjährlich zu 3% oder viermonatlich zu 2%?

Lösung: Es gilt

$$(1 + 0.02)^3 = 1.0612$$

$$(1 + 0.03)^2 = 1.0609$$

Also bringt die viermonatliche Anlage mehr Zins. $\square$

Aufgabe 2.17: Man zeige, daß für den linear proportionalen Zinssatz i_m folgende Aussage gilt: Haben zwei beliebige Darlehen K_0 und K_1 den gleichen Effektivzinssatz i, so hat das sich daraus ergebende Summendarlehen den Effektivzinssatz i.

Lösung: Wir nehmen an, daß das Darlehen K_0 und K_1 den Effektivzinssatz i besitzen. Dann gilt auf ein Jahr berechnet:

$$K_0 \cdot (1 + i/m)^m + K_0 \cdot (1 + i/l)^l = (K_0 + K_1)(1 + i_e)$$

Diese Gleichung gilt wiederum auch, falls die Laufzeiten beider Darlehen jeweils ein Vielfaches von $1/m$ bzw. $1/l$ sind. (Anmerkung: Da bei konformen Zinssatz der nominelle Zinssatz gleich dem Effektivzinssatz ist, enthält Aufgabe 2.17 die gleiche Aussage wie Aufgabe 2.16.) $\square$

Aufgabe 2.18: Man zeige, daß bei Verwendung des konformen Zinssatzes $i_{k,m}$ gilt: Haben zwei beliebige Darlehen K_0 und K_1 den gleichen nominellen Zinssatz i, so hat das sich daraus ergebende Summendarlehen den Effektivzinssatz i.

Lösung: Wir nehmen an, daß das Darlehen K den konformen Zinssatz $i_{k,m}$ hat und das Darlehen K den konformen Zinssatz $i_{k,e}$. Dann ergibt das aufs Jahr umgerechnet:

$$K_0 \cdot \left(1 + i_{k,m}\right)^m + K_1 \cdot \left(1 + i_{k,l}\right)^l = (K_0 + K_1)(1 + i)$$

Eine entsprechende Gleichung ergibt sich, wenn die Laufzeiten beider Darlehen jeweils Vielfache von $1/m$ bzw. $1/l$ sind. $\square$

Aufgabe 2.19: Ist folgende Aussage richtig: Haben zwei beliebige Darlehen K_0 und K_1 den gleichen nominellen Zinssatz i, so haben sie bei Anwendung des linear proportionalen Zinssatzes i_m den gleichen Effektivzinssatz i?

Lösung: Wir wählen ein Darlehen K_0 mit 6% jährlicher Verzinsung und ein Darlehen K_1 mit 3% und 1/2 jährlicher Verzinsung. Dann ergibt sich für das Summendarlehen aufs Jahr gerechnet:

$$K_0 \cdot (1 + 0.06) + K_1 \cdot (1 + 0.03)^2 = K_0 \cdot 1.06 + K_1 \cdot 1.0609$$

Ist z. B. $K_0 = K_1$, dann haben wir Effektivzinssatz

$$(1.06 + 1.0609)/2 = 1.06045 > 1.06 = i$$

Die Aussage ist also nicht richtig! $\square$

Aufgabe 2.20: Ein Kapital von 1000 wächst bei halbjährlicher Verzinsung mit Zinseszins über einen Zeitraum von 1 1/2 Jahren auf die Höhe von 1100 an. Wie hoch ist der Nominalzinssatz i dann bei

(a)   Wahl des linear proportionalen Zinssatzes und

(b)   bei Wahl des konformen Zinssatzes?

Lösung: Im Falle (a) ergibt sich die Gleichung

$$1100 = 1000 \cdot (1 + i/2)^3$$

und nach i aufgelöst

$$i = 2 \cdot \left(\sqrt[3]{\frac{1100}{1000}} - 1 \right) \approx 0.0646$$

und im Falle (b) die Gleichung

$$1100 = 1000 \cdot \left(\sqrt[2]{\frac{1100}{1000}} \right)^3$$

und aufgelöst nach i

$$i = \left(\sqrt[3]{\frac{1100}{1000}} \right)^{2} - 1 \approx 0.0656. \quad \square$$

Aufgabe 2.21: Der Nominalzinssatz eines Darlehens betrage $i = 0.06$. Wie lange muß das Darlehen zu einem konformen Zinssatz $i_{k,m}$ verzinst werden damit der gleiche Zins anfällt wird wie bei linear proportionaler Verzinsung mit i_m über einen Zeitraum von $12/m$ Jahren? Was bedeutet dies für $m = 4$?

Lösung: Es muß die Gleichung

$$(1 + 0.06/m)^{12} = \left(\sqrt[m]{1 + 0.06} \right)^{k}$$

nach der Unbekannten k (gemessen in $1/m$ Jahren) aufgelöst werden. Dies ergibt schrittweise zunächst durch Logarithmieren

$$k \cdot \frac{1}{m} \cdot \ln 1.06 = 12 \cdot \ln(1 + 0.06/m)$$

oder die Formel

$$k = 12 \cdot m \cdot \frac{\ln(1 + 0.06/m)}{\ln 1.06}$$

Für $m = 4$ ergibt dies die Zahl $k \approx 12.265$. also muß nach dem konformen Zinssatz etwa 1/4 Zinsintervall länger verzinst werden. $\square$

Aufgabe 2.22: Ein Kapital K_0 wird vierteljährlich mit dem linear proportionalen Zinssatz $i_{k,4} = 0.015$ mit Zinseszinsen über 4 Jahre verzinst. Wie hoch muß der Nominalzinssatz i gewählt werden, damit bei Anwendung des konformen Zinssatzes $i_{k,4}$ unter den gleichen anderen Bedingungen der gleiche Gesamtzins anfällt?

Lösung: Es gilt

$$K_0 \cdot (1 + 0.015)^{16} = \left(\sqrt[4]{1 + i} \right)^{16} \cdot K_0$$

woraus die Gleichung

$$1.015 = \sqrt[4]{1 + i}$$

oder

$$i = (1.015)^4 - 1 \approx 0.0614$$

folgt. $\square$

Aufgabe 2.23: Welchen Wert nimmt der Quotient aus der Formel für den Aufzinsfaktor des linear proportionalen Zinssatzes nach (2.9) und des entsprechenden Faktors für den konformen Zinssatz nach (2.10) für große Werte von m an? Wie verhalten sich die entsprechenden Quotienten für den jährlichen Aufzinsfaktor bei großen Werten von m?

Lösung: Es gilt einmal

$$1 + i/m \to 1 \quad \text{für} \quad m \to \infty$$

und auch

$$\sqrt[m]{1+i} \to 1 \quad \text{für} \quad m \to \infty$$

Damit folgt aber für den Quotienten

$$\frac{1 + i/m}{\sqrt[m]{1+0}} \to 1 \quad \text{für} \quad m \to \infty$$

Für den jährlichen Faktor $(1 + i/m)^m$ gilt einmal

$$(1 + i/m)^m \to e^i \quad \text{für} \quad m \to \infty \quad \text{(siehe Abschnitt 2.4)}$$

und ein anderes Mal ist er konstant $1 + i$.

Also gilt insgesamt

$$\frac{(1 + i/m)^m}{1 + i} \to e^i/(1 + i) > 1 \quad \text{für} \quad m \to \infty. \ \square$$

2.4 Kontinuierliche Verzinsung

Bei der kontinuierlichen Verzinsung handelt es sich um einen Grenzfall von unterjährlicher Verzinsung mit linear proportionalem Zinssatz, wenn die Anzahl der (gleichlangen) Zeitintervalle pro Jahr gegen $+\infty$ strebt. Man erhält für den jährlichen Aufzinsfaktor dann den Grenzwert

$$\lim_{m\to\infty}\left(1+\frac{i}{m}\right)^{m}=e^{i} \qquad (2.12)$$

wobei aus der Analysis bekannt ist, daß die entsprechende Folge streng monoton zunehmend ist, d. h. es gilt

$$\left(1+\frac{i}{m}\right)^{m}<\left(1+\frac{i}{m+1}\right)^{m+1},\quad m\geq 0 \qquad (2.13)$$

Für den Aufzinsfaktor für n Jahre gilt dann entsprechend

$$K_{n}=K_{0}\cdot e^{n\cdot i} \qquad (2.14)$$

Da für die Exponentialfunktion e^{x} stets gilt, daß

$$e^{x}\geq 1+x$$

ist (wobei die lineare Funktion auf der rechten Seite die Tangente im Punkte $x=0$ an die Funktion $f(x)=e^{x}$ darstellt), folgern wir für die kontinuierliche Verzinsung im Vergleich zur einfachen Verzinsung sofort

$$e^{i}\geq 1+i$$

Ebenfalls gilt, daß wegen der Monotonie der Folge stets

$$e^{i}>\left(1+\frac{i}{m}\right)^{m},\quad m\geq 0$$

Für den Effektivzinssatz j bei kontinuierlicher Verzinsung mit Normalzinssatz i folgt dann aus der definierenden Gleichung

$$e^{i}=1+j$$

dann

$$j=e^{i}-1\geq i \qquad (2.15)$$

Aufgabe 2.24: Ein Kapital von 1000 wächst bei kontinuierlicher Verzinsung mit $p = 5\%$ auf einen Endwert von 1491,82 an. Wieviele Jahre wurde es verzinst?

Lösung: Es gilt die Gleichung

$$1000 \cdot e^{n \cdot 0.05} = 1491,82$$

Nach Logarithmieren und Auflösen nach n ergibt sich dabei

$$n = (\ln 1491.82 - \ln 1000)/0.05 = 8. \quad \square$$

Aufgabe 2.25: Zu welchem Zinssatz muß ein Kapital von 1000 über 8 Jahre kontinuierlich verzinst werden damit es dabei auf 1500 anwächst?

Lösung: Es gilt die Gleichung

$$1000 \cdot e^{8 \cdot i} = 1500$$

oder nach Logarithmieren

$$8 \cdot i = \ln 1.5$$

woraus sich dann

$$i = (\ln 1.5)/8 = 0.0507 \quad (\text{oder } p = 5.07\%)$$

ergibt. $\square$

Aufgabe 2.26: Man gebe eine Formel an für die Anzahl der Jahre, die ein Kapital kontinuierlich verzinst werden muß damit es sich mindestens verdoppelt. Was ergibt sich dabei für $p = 3\%$ und $p = 6\%$?

Lösung: Es muß die Gleichung gelten

$$K_0 \cdot e^{n \cdot i} = 2 \cdot K_0$$

oder

$$e^{n \cdot i} = 2$$

Durch Logarithmieren und Auflösen nach n erhält man schließlich die Formel

$$n = (\ln 2)/i \quad \text{(vergleiche Aufgabe 2.12)}$$

Es ergibt sich speziell für

$$i = 0.03 \quad \text{der Wert} \quad n = 23.11 \quad \text{also mindestens 24 Jahre,}$$

$$i = 0.06 \quad \text{der Wert} \quad n = 11.55 \quad \text{also mindestens 12 Jahre.} \quad \square$$

Aufgabe 2.27: Wie groß muß die Anzahl der Zeitintervalle m pro Jahr gewählt werden damit bei einem Zinssatz von $p = 6\%$ der Unterschied zwischen kontinuierlicher Verzinsung für ein Jahr und $1/m$-jährlicher Verzinsung mit Zinseszins bei linear proportionalem Zinssatz für ein Jahr kleiner als absolut 1 Promille ist?

Lösung: Es gilt die Ungleichung

$$\Delta = e^{0.06} - (1 + 0.06/m)^m \leqq 0.001$$

Dies kann geschrieben werden als

$$1.060837 \leqq (1 + 0.06/m)^m$$

Da aufgrund der binomischen Formel (1.1) gilt

$$(1 + 0.06/m)^m \geqq 1 + 0.06 + (0.06)^2 \frac{m-1}{2 \cdot m}$$

ist m sicher richtig gewählt, wenn die Ungleichung

$$1.060837 \leqq 1 + 0.06 + (0.06)^2 \cdot \frac{m-1}{2 \cdot m}$$

oder

$$0.465 \leqq (m-1)/m$$

erfüllt ist. Dies ist aber für $m = 2$ schon der Fall.

Mit Hilfe des Gleichungslösers eines Taschenrechners (siehe § 0) kann die Aufgabe auch wie folgt gelöst werden:

$$[EXP]\ [0]\ [.]\ [0]\ [6]\ [-]\ [0]\ [.]\ [0]\ [0]\ [1]\ [ALPHA]\ [=]$$

$$[(]\ [1]\ [+]\ [0]\ [.]\ [0]\ [6]\ [/]\ [ALPHA]\ [M]\ [)]\ [y^x]$$

$$[ALPHA]\ [M]\ [ENTER]$$

Nach Eingabe des Näherungswertes für m durch [1] [.] [ENTER] und drücken der Taste [SOLVE] wird der Wert für m als $M = 1.870510797$ berechnet. Also muß $m \geq 2$ sein. $\square$

Aufgabe 2.28: Man gebe für die Differenz der Aufzinsfaktoren für ein Jahr bei kontinuierlicher Verzinsung und bei halbjährlicher Verzinsung mit Zinseszins bei linear proportionalem Zinssatz eine möglichst einfache untere Schranke an. Was ergibt sich dabei im Vergleich zum exakten Wert für $p = 3\%$ und $p = 6\%$?

Lösung: Es gilt

$$\Delta = e^i - (1 + i/2)^2 \geq 1 + i + i/2 - \left(1 + i + (i/2)^2\right)$$

$$= i^2/4$$

Speziell ergibt sich für

$$i = 0.03 \quad \text{die Schranke} \quad \Delta \geq 0.000225 \quad (\text{exakter Wert } 0.0002295),$$

$$i = 0.06 \quad \text{die Schranke} \quad \Delta = 0.0009 \quad (\text{exakter Wert } 0.0009365). \ \square$$

Aufgabe 2.29: Ein Kapital von 1000 wird über 3 Jahre zu 3% vierteljährlich bei linear proportionalem Zinssatz mit Zinseszins verzinst. Wie groß ist der Unterschied beim Übergang zur kontinuierlichen Verzinsung?

Lösung: Es gilt bei vierteljährlicher Verzinsung

$$K_3 = 1000 \cdot \left((1 + 0.03/4)^4\right)^3 = 1000 \cdot 1.0075^{12} = 1093.81$$

und bei kontinuierlicher Verzinsung

$$K'_3 = 1000 \cdot e^{0.03 \cdot 3} = 1000 \cdot e^{0.09} = 1094.17$$

Also ergibt sich als Unterschied

$$K'_3 - K_3 = 0.36. \quad \square$$

Aufgabe 2.30: Ein Kapital von 1000 wird in m Zeitintervallen pro Jahr mit linear proportionalem Zinssatz zu 3% Jahreszins mit Zinseszins über 5 Jahre verzinst. Wie groß ist m mindestens zu wählen damit beim Übergang zur kontinuierlichen Verzinsung der Unterschied kleiner als 0.5 wird?

Lösung: Einmal gilt bei m Zeitintervallen pro Jahr

$$K_5 = 1000 \cdot (1 + 0.03/m)^{5m}$$

und bei kontinuierlicher Verzinsung

$$K'_5 = 1000 \cdot e^{0.03 \cdot 5} = 1000 \cdot e^{0.15} = 1161.83$$

Für den Unterschied gilt

$$\Delta K = K'_5 - K_5 = 1161.83 - 1000 \cdot (1 + 0.03/m)^{5m} < 0.5$$

Durch Logarithmieren führt das auf die Ungleichung

$$(\ln 1.16133)/5m < \ln(1 + 0.03/m)$$

gelten. Der Wert beider Seiten ergibt sich bei

$$m = 5: 0.005982636 \quad 0.005982071$$

$$m = 6: 0.00498553 \quad 0.004987541$$

Also ist ab $m = 6$, bei zweimonatlichen Intervallen, die Ungleichung erfüllt.

Mit Hilfe des Gleichungslösers eines Taschenrechners (siehe § 0) kann die Aufgabe wie folgt gelöst werden:

$$[0] \; [.] \; [5] \; [ALPHA] \; [=] \; [1] \; [1] \; [6] \; [1] \; [.] \; [8] \; [3] \; [-]$$

$$[1] \; [0] \; [0] \; [0] \; [\times] \; [(] \; [1] \; [+] \; [0] \; [.] \; [0] \; [3] \; [/] \; [ALPHA]$$

$$[M] \; [)] \; [y^x] \; [(] \; [5] \; [\times] \; [ALPHA] \; [M] \; [)] \; [ENTER]$$

Nach Eingabe des Näherungswertes für m in Form von [2] [.] [*ENTER*] wird nach Drücken der Taste [*SOLVE*] für m der Wert $M = 5.163147637$ berechnet, was $m \geq 6$ bedeutet. $\square$

Aufgabe 2.31: Man gebe eine möglichst einfache untere Schranke für den Unterschied zwischen dem Aufzinsfaktor für ein Jahr bei kontinuierlicher und bei einfacher Verzinsung an. Was ergibt sich dafür bei $p = 3\%$ und $p = 6\%$ im Vergleich zum exakten Wert?

Lösung: Es gilt

$$e^i = 1 + i + i^2/2 + \ldots$$

und daraus ergibt sich für die Differenz

$$= e^i - (1+i) = 1 + i + i^2/2 + \ldots - (1+i) > i^2/2$$

Speziell ergibt sich für

$$i = 0.03 \quad \text{die Schranke} \quad = 0.00045 \quad (\text{exakter Wert } 0.00045)$$

$$i = 0.06 \quad \text{die Schranke} \quad = 0.0018 \quad (\text{exakter Wert } 0.001865). \quad \square$$

Aufgabe 2.32: Ein Kapital sei als Funktion der (stetigen) Zeit $K(t)$ aufgefaßt. Die Veränderung des Kapitals erfolge mit der Zeit t proportional dem jeweiligen vorhandenen Kapital $K(t)$ beginnend mit K_0. Was für eine Verzinsung ergibt sich bei diesem Modell?

Lösung: Es gilt die definierende Gleichung

$$\frac{dK(t)}{dt} = K(t) \cdot i, \quad K(0) = K_0$$

Umgeformt ergibt dies die Gleichung

$$\frac{dK(t)}{K(t)} = i \cdot dt, \quad K(0) = K_0$$

Diese Gleichung hat die allgemeine Lösung

$$\ln K(t) = i \cdot t + \ln K_0$$

oder anders geschrieben

$$K(t) = K_0 \cdot e^{i \cdot t}$$

Es liegt also kontinuierliche Verzinsung vor. $\square$

§ 3 Effektivzinssatzberechnungen

3.1 Definition des Effektivzinssatzes bei Zahlungsströmen

Der Effektivzinssatz oder interner Zinsfuß ist eine fiktive, rechnerische Größe. Sie kann dazu herangezogen werden, zwei Investitionsvorhaben in Bezug auf die Rentabilität hin zu vergleichen. Allgemein betrachten wir hier den Effektivzinssatz von Zahlungsströmen, d. h. von einer diskreten, endlichen Folge von Kapitalbeträgen $\{C_i\}$, die gewissen trivialen Einschränkungen unterworfen sein müssen damit der Effektivzinssatz überhaupt existiert. Der Effektivzinssatz ergibt sich bei einem Darlehen z. B. aus dessen vertraglichen Modalitäten (wie Auszahlungsbetrag, Ratenhöhe, Bearbeitungsgebühr usw.) und hängt nicht direkt vom Marktzinssatz ab. Der Effektivzinssatzberechnung liegt generell bei allen bekannten und bedeutenden Methoden folgende (Arbeits-) Hypothese zugrunde:

Hypothese 1: *Der Effektivzinssatz ist über die gesamte Laufzeit der Investition als konstant anzusehen.*

In dieser Hypothese drückt sich (notwendigerweise) eine gewisse Realitätsfremde des Effektivzinssatzes aus, da sich selbst über mittlere Zeit gesehen der Marktzinssatz ständig ändert.

Bei den meisten Methoden zur Berechnung des Effektivzinssatzes kommt noch eine weitere ebenso realitätsfremde Hypothese hinzu:

Hypothese 2: *Der Effektivzinssatz gilt sowohl als Habenzinssatz als auch als Wiederanlagezinssatz für den Zahlungsstrom. Dies bedeutet, daß Habenzinssatz und Wiederanlagezinssatz als gleich angenommen werden.*

Die Arbeitshypothese 2 widerspricht jeder vernünftigen Bankenerfahrung, da ja gerade zwischen Haben- und Sollzinssatz das Geschäft der Banken liegt. Die Annahme der Konstanz des einen der beiden Zinssätze dagegen entspricht der üblichen Vertragspraxis, da z. B. bei einer Hypothek der Zinssatz oftmals vertraglich über 5 oder 10 Jahre hinweg festgeschrieben ist. Dagegen kann der Wiederanlagezinssatz, der während der Laufzeit auf anfallendes Kapital anzuwenden ist, wegen der Änderungen des Marktzinssatzes kaum als konstant angesehen werden.

Den hier behandelten Berechnungsmethoden liegt folgende rechnerische Gleichung zugrunde:

$$\left(\begin{array}{c} \text{Konto \# 1} \\[1ex] \text{Anfangskapital mit} \\[1ex] \text{Zinseszinsen} \end{array}\right) = \left(\begin{array}{c} \text{Konto \# 2} \\[1ex] \text{Summe der Rückflußraten} \\[1ex] \text{mit Zinseszinsen} \end{array}\right)$$

$$\text{Zeitpunkt } t = n \text{ (Laufzeitende)}$$

Die einzelnen verschiedenen Berechnungsmethoden unterscheiden sich praktisch nur in der Behandlung bzw. der Festlegung der unterjährigen Zeiträume bzw. der Zinskapitalisierungszeitpunkte sowie der Anzahl der Tage, die für ein Jahr anzunehmen sind. Letztlich werden wir die verschiedenen Methoden also nur nach der Festlegung des unterjährlichen Zinssatzes und nach der Behandlung der Kapitalwirksamkeit von Zahlungen unterscheiden.

3.2 Effektivzinssatz nach der US-Methode

Hier wird der unterjährige Zinssatz wie folgt festgelegt:

Regel 1: Für unterjährige Zeiträume wird als Wiederanlagezinssatz bei Rückflüssen der linear proportionale Zinssatz angewendet.

Bezüglich der Kapitalwirksamkeit der Rückflußraten wird postuliert:

Regel 2: Bei jeder Rückflußrate tritt unmittelbar eine zinskapitalwirksame Verrechnung, d. h. ein neuer Zinszeitraum, ein.

Bei der US-Methode bestimmen also die Rückflußraten die Zinszeiträume. Meist werden die Rückflußraten vertraglich in regelmäßigen Intervallen angesetzt, sodaß sich dadurch mathematisch eine noch einfache Formulierungsmöglichkeit ergibt und somit im wesentlichen ein unterjährlicher Zinssatz in der Formel anzuwenden ist.

Für das Gewinnen einer Formel wollen wir kurz vereinfachende Bezeichungen einführen:

A Anfangskapital (z. B. Kreditbetrag)

B_j die j-te Rückflußrate

K Rückzahlung am Ende der Laufzeit

z Anzahl der Rückflußraten während eines Jahres (in gleichen Abständen)

n Anzahl der (vollen) Jahre Laufzeit

Wenn wir mit i den Effektivzinssatz bezeichnen, dann ergibt sich bei diesen Vorgaben als anzuwendender unterjährlicher Zinssatz

$$\tilde{i} = i/z \tag{3.1}$$

und wir führen zur einfacheren Darstellung der Aufzinsfaktoren die Größe

$$q = 1 + \tilde{i}$$

ein. Dann erhalten wir als Endwerte

Konto # 1: $A \cdot q^{n \cdot z}$

Konto # 2: $\sum_{j=1}^{n \cdot z} B \cdot q^{n \cdot z - j} + K$

und damit insgesamt die definierende Gleichung für die Ermittlung des Effektivzinssatzes i:

$$A \cdot q^{n \cdot z} - \sum_{j=1}^{n \cdot z} B_j \cdot q^{n \cdot z - j} - K = 0 \tag{3.2}$$

Gilt, wie das z. B. bei festverzinslichen Wertpapieren der Fall ist, stets

$$B_j = B, \; j = 1, \ldots, n \cdot z$$

dann schreibt sich die Gleichung in diesem wichtigen Sonderfall als

$$A \cdot q^{n \cdot z} - B \cdot \left(q^{n \cdot z} - 1 \right) / \, q - 1) - K = 0$$

wobei wir nur die Summenformel (1.5) angewendet haben.

Beispiel: $n = 2$, $z = 2$, $A = K = 1000$, $B = 35$ (entspricht 7% Nominalzinssatz)

Die Gleichung (3.1) lautet hierfür

$$1000 \cdot q^4 - 35 \cdot q^3 - 35 \cdot q^2 - 35 \cdot q - 1035 = 0$$

oder in der Form (3.2)

$$1000 \cdot q^4 - 35 \cdot (q^4 - 1)/(q - 1) - 1000 = 0$$

Aus der letzten Gleichung sieht man wegen $35/(1.035 - 1) = 1000$, daß $q = 1.035$ positive Lösung der Gleichung ist. Damit ist der Effektivzinssatz als $i = 7\%$ (= Nominalzinssatz) berechnet. $\square$

Merke: Wegen der Grundannahme $i > -1$ interessieren uns bei Gleichung (3.1) nur die positiven Lösungen. In den meisten Anwendungen wird sich zeigen, daß ohnehin genau eine solche existiert und damit die Frage nach der wahren Größe des Effektivzinssatzes obsolet ist.

Aufgabe 3.1: Eine Bank bietet einem Kunden einen Schatzbrief für 1 Jahr an bei halbjährlicher Verzinsung. Die einzelnen Daten sind:

Kaufpreis 1000, Zinsraten 30, Rückzahlungsbetrag 980

Eine andere Bank macht ein entsprechendes Angebot mit den Daten

Kaufpreis 1000, Zinsraten 28, Rückzahlungsbetrag 987

Welches der beiden Anlageangebote erbringt nach der US-Methode den höheren Effektivzinssatz?

Lösung: Die beiden Gleichungen (3.1) lauten in diesen beiden Fällen

$$1000 \cdot q^2 - 30 \cdot q - 1010 = 0$$

und

$$1000 \cdot q^2 - 28 \cdot q - 1015 = 0$$

Beides sind quadratische Gleichungen und können - nach der bekannten Schulformel in § 1 - explizit gelöst werden. Dabei ergibt sich jeweils für die positive Wurzel

$$q_1 = \left(30 + \sqrt{30^2 + 4\cdot1000\cdot1010}\right)\big/2000$$

und

$$q_2 = \left(28 + \sqrt{28^2 + 4\cdot1000\cdot1015}\right)\big/2000$$

Unter Zuhilfenahme eine Taschenrechners ergibt dies bei q_1 folgende Tastendruckfolge:

$$[(] \quad [3] \quad [0] \quad [+] \quad \left[\sqrt{}\right] \quad [(] \quad [3] \quad [0] \quad [x^2] \quad [+] \quad [4] \quad [\times] \quad [1] \quad [0] \quad [0] \quad [0]$$

$$[\times] \quad [1] \quad [0] \quad [1] \quad [0] \quad [)] \quad [)] \quad [/] \quad [2] \quad [0] \quad [0] \quad [0] \quad [ENTER]$$

Es kommt der Wert $Q1 = 1.020099498$ zur Anzeige, was einem effektiven Jahreszinssatz von $i_1 = 0.0402$ ergibt.

Das entsprechende Resultat für q_2 lautet dann $Q2 = 1.021569352$ oder $i_2 = 0.0431$, also höher als i_1.

Die quadratischen Gleichungen für q_1 und q_2 lassen sich aber auch mit Hilfe des Gleichungslösers eines Taschenrechners (siehe § 0) einfach berechnen. Dies geschieht etwa durch folgende Tastendruckfolge:

$$[1] \quad [0] \quad [0] \quad [0] \quad [\times] \quad [ALPHA] \quad [Q] \quad [x^2] \quad [ALPHA] \quad [=] \quad [3] \quad [0] \quad [\times]$$

$$[ALPHA] \quad [Q] \quad [+] \quad [1] \quad [0] \quad [1] \quad [0] \quad [ENTER]$$

Nach Eingabe des Näherungswertes für q_1 durch $[1]$ $[.]$ $[ENTER]$ und nach Drücken der Taste $[SOLVE]$ erscheint auf dem Display der Wert $Q = 1.020099498$ (siehe oben). Entsprechend kann man mit leicht veränderten Konstanten bei der Berechnung von q_2 vorgehen. $\square$

Aufgabe 3.2: Man zeige folgendes Monotonieverhalten des Effektivzinssatzes:

Gelten für zwei Darlehen mit A Auszahlungskapital jeweils die Ungleichungen

$$K_1 \geq K_2 \quad \text{und} \quad B_{1j} \geq B_{2j}, \ 1 \leq j \leq n$$

dann folgt daraus, daß für die Effektivzinssätze $i_1 \geq i_2$ gilt.

Lösung: Die Gleichung (3.1) für den ersten Kredit lautet

$$A \cdot q^n - \sum_{j=1}^{n} B_{1j} \cdot q^{n-j} - K_1 = 0$$

und für den zweiten lautet die entsprechende Gleichung

$$A \cdot q^n - \sum_{j=1}^{n} B_{2j} \cdot q^{n-j} - K_2 = 0$$

Es gilt aber für $q \geq 0$ offensichtlich die Ungleichung

$$A \cdot q^n - \sum_{j=1}^{n} B_{1j} \cdot q^{n-j} - K_1 \leq A \cdot q^n - \sum_{j=1}^{n} B_{2j} \cdot q^{n-j} - K_2$$

Aufgrund des Monotonieprinzips von § 1 folgt damit für die positiven Wurzeln $q_1 \geq q_2$, also somit $i_1 \geq i_2$. $\square$

Aufgabe 3.3: Eine Anleihe über 10 Jahre von 1000 bringt jährlich 70 Zinsgutschrift und hat nach der US-Methode einen Effektivzinssatz von 7.21%. Wie groß muß der Verkaufskurs der Anleihe festgesetzt werden, damit bei gleichen Zinszahlungen, gleicher Laufzeit und gleichem Rückzahlungsbetrag der Effektivzinssatz 7.40% beträgt?

Lösung: Es gilt für die ursprüngliche Anleihe die Gleichung (3.2) in Form

$$1000 \cdot 1.0721^{10} - 70 \cdot \left(1.0721^{10} - 1\right)/0.0721 - K = 0$$

und für die abgeänderte Anleihe die entsprechend Gleichung

$$A \cdot 1.074^{10} - 70 \cdot \left(1.074^{10} - 1\right)/0.074 - K = 0$$

Es gilt die unbekannte Größe K durch Subtraktion der beiden Gleichungen zu eliminieren und damit eine Gleichung für die interessierende Variable A zu bekommen. Dies ergibt dann

$$A \cdot 1.074^{10} - 70 \cdot \left((1.074^{10} - 1) / 0.074 - (1.0721^{10} - 1) / 0.0721\right) -$$

$$1000 \cdot 1.0721^{10} = 0$$

oder nach der Unbekannten A aufgelöst

$$A = \left(70 \cdot \left((1.074^{10} - 1) / 0.074 - (1.0721^{10} - 1) / 0.0721\right) + 1000 \cdot 1.074^{10}\right)$$

$$/1.074^{10}$$

Mit Hilfe der folgenden Tastendruckfolge auf einem Taschenrechner

$$[(] \; [7] \; [0] \; [\times] \; [(] \; [(] \; [1] \; [.] \; [0] \; [7] \; [4] \; [y^x] \; [1] \; [0] \; [-] \; [1]$$

$$[)] \; [/] \; [0] \; [.] \; [0] \; [7] \; [4] \; [-] \; [(] \; [1] \; [.] \; [0] \; [7] \; [2]$$

$$[1] \; [y^x] \; [1] \; [0] \; [-] \; [1] \; [)] \; [/] \; [0] \; [.] \; [0] \; [7] \; [2] \; [1] \; [)]$$

$$[+] \; [1] \; [0] \; [0] \; [0] \; [\times] \; [1] \; [.] \; [0] \; [7] \; [4] \; [y^x] \; [1] \; [0]$$

$$[)] \; [/] \; [1] \; [.] \; [0] \; [7] \; [4] \; [y^x] \; [1] \; [0] \; [ENTER]$$

erhalten wir die Anzeige auf dem Display

$$986.7698988 \quad \text{also} \quad A = 986.77. \; \square$$

Aufgabe 3.4: Eine Anleihe wird zum Betrag von A ausgegeben und bringt bei 5 Jahren Laufzeit halbjährlich 30 Zinsgutschriften und wird mit 1000 am Ende der Laufzeit zurückbezahlt. Der Effektivzinssatz wurde mit 6.82% nach der US-Methode errechnet. Wie muß der Rückzahlungsbetrag geändert werden, damit bei gleichem Ausgabekurs, gleicher Laufzeit und gleichen Zinszahlungen der Effektivzinssatz nach der US-Methode auf 6.92% ansteigt?

Lösung: Die Gleichungen (3.2) für beide Fälle lauten

$$A \cdot 1.0341^{10} - 30 \cdot (1.0341^{10} - 1)/0.0341 - 1000 = 0$$

und

$$A \cdot 1.0346^{10} - 30 \cdot (1.0346^{10} - 1)/0.0346 - K = 0$$

Dies sind zwei Gleichungen mit zwei Unbekannten A und K. Aus der ersten Gleichung können wir den unbekannten Ausgabekurs ermitteln durch Auflösen nach A. Dies ergibt dann

$$A = (1000 + 30 \cdot (1.0341^{10} - 1)/0.0341)/1.0341^{10}$$

Dieser Wert kann in die zweite Gleichung eingesetzt werden und diese läßt sich dann nach der gefragten Größe K für den Rückzahlbetrag auflösen. Dies ergibt - der Einfachheit halber mit der Abkürzung A -

$$K = A \cdot 1.0346^{10} + 30(1.0346^{10} - 1)/0.0346$$

Mit Hilfe eines Taschenrechners läßt sich die gesuchte Lösung für K am besten ebenfalls zweistufig, wie oben gemacht, ausrechnen: Dies ergibt die beiden Tastendruckfolgen:

$$[(] \; [1] \; [0] \; [0] \; [0] \; [+] \; [3] \; [0] \; [\times] \; [(] \; [1] \; [.] \; [0] \; [3] \; [4]$$

$$[1] \; [y^x] \; [1] \; [0] \; [-] \; [1] \; [)] \; [/] \; [0] \; [.] \; [0] \; [3] \; [4] \; [1]$$

$$[)] \; [/] \; [1] \; [.] \; [0] \; [3] \; [4] \; [1] \; [y^x] \; [1] \; [0] \; [ENTER]$$

Auf dem Display erschient der Wert 965.7467136 oder $A = 965.74$.

Dieser errechnete Wert für A wird bei vielen Rechnern als letztes Resultat in einem besonderen Speicher festgehalten und kann von dort (hier mit den Tastendrucken $[2ndF]$ $[ANS]$) abgerufen werden und somit in einer neuen Formel auftreten. Wir erhalten dann die zweite Tastenfolge:

$$[2ndF] \; [ANS] \; [\times] \; [1] \; [.] \; [0] \; [3] \; [4] \; [6] \; [y^x] \; [1] \; [0] \; [+] \; [3] \; [0]$$

$$[\times] \; [(] \; [1] \; [.] \; [0] \; [3] \; [4] \; [6] \; [y^x] \; [1] \; [0] \; [-] \; [1] \; [)]$$

$$[/] \; [0] \; [.] \; [0] \; [3] \; [4] \; [6] \; [ENTER]$$

und damit die Lösung am Display 1005.733523 oder $K = 1005.73$. $\square$

Bemerkung: Bei der Lösung der vorangegangenen Aufgabe 3.4 trat die Aufgabe der Lösung eines linearen Gleichungssystems mit zwei Unbekannten und zwei Gleichungen auf. Da es sich hier - numerisch gesprochen - um ein System in Dreiecksgestalt handelte, ließ sich dies bequem mit der Hand machen. Manche

Taschenrechner verfügen über einen eingebauten Gleichungssystemlöser, sofern die Zahl der Unbekannten und damit auch Gleichungen nicht zu groß ist. Dieser ließe sich hier dann prinzipiell einsetzen, da es sich lediglich um ein 2×2-System handelt. Wir haben aber bei unseren Taschenrechner einen solchen Löser nicht vorausgesetzt und setzen ihn daher auch hier nicht ein.

Aufgabe 3.5: Man zeige, daß bei einer beliebigen Anleihe mit positivem Effektivzinssatz nach der US-Methode, Kaufbetrag A und z regelmäßigen gleichen Zinszahlungen B pro Jahr sowie Rückzahlungsbetrag K für beliebig lange Laufzeit $n \to \infty$ der Effektivzinssatz sich dem Nominalzinssatz $i = (B/A)z$ annähert.

Lösung: Die Gleichung (3.2) lautete

$$A \cdot q^n - B(q^n - 1)/(q-1) - K = 0$$

Da stets $q > 0$ ist, können wir durch q^n dividieren und erhalten dann die neue Form der Gleichung als

$$A - B \cdot (1 - 1/q^n)/(q-1) - K/q^n = 0$$

Da aber $q > 1$ bei positivem Zinssatz ist, folgt für $n \to \infty$ dann $q^n \to \infty$ und somit nimmt für große Werte von n die obige Gleichung schließlich die Gestalt

$$A - B/(q-1) = 0$$

an. Sie hat aber die Lösung $\tilde{i} = q - 1 = B/A$, also $i = z \cdot B/A$. $\square$

Aufgabe 3.6: Wie verhält sich der Effektivzinssatz nach der US-Methode bei einer Anleihe wie in der vorigen Aufgabe 3.5 bei $n \to \infty$ wenn negativer Effektivzinssatz angenommen wird?

Lösung: Bei negativem Effektivzinssatz gilt $0 < q < 1$ und wir erhalten für $n \to \infty$ dann $q^n \to 0$. Die Gleichung (3.2)

$$A \cdot q^n - B \cdot (q^n - 1)/(q-1) - K = 0$$

strebt dann gegen die Gleichung

$$B/(q-1) - K = 0$$

und diese hat die Lösung

$$i = (1 - q) \cdot z = (-B/K) \cdot z. \ \square$$

Aufgabe 3.7: Eine Anleihe mit Ausgabebetrag A, regelmäßigen Zinszahlungen von B und Rückzahlbetrag von $K \geq A$ habe positiven Effektivzinssatz nach der US-Methode. Man zeige, daß der Effektivzinssatz i, mit wachsender Laufzeit n streng monoton abnimmt.

Lösung: Es gilt die Gleichung (3.1)

$$p(q) = A \cdot q^n - B \sum_{j=1}^{n} q^{n-j} - K = 0$$

Für $n + 1$ schreibt sich diese Gleichung als

$$r(q) = A \cdot q^{n+1} - B \sum_{j=1}^{n+1} q^{n-j+1} - K = 0$$

Multiplizieren wir nun das Polynom p mit q, dann ergibt sich

$$q \cdot p(q) = A \cdot q^{n+1} - B \sum_{j=1}^{n} q^{n-j+1} - K \cdot q$$

Bilden wir nun die Differenz der beiden Polynome

$$q \cdot p(q) - r(q) = K \cdot (1 - q) + B = -K \cdot (q - 1) + B$$

Für die Wurzel q_p des Polynoms p ergibt sich darin eingesetzt

$$0 - r(q_p) = -K(q_p - 1) + B \quad \text{oder} \quad r(q_p) = K \cdot (q_p - 1) - B$$

Da $K \geq A$ war folgt, daß q_p größer als der Nominalzinssatz ist und somit gilt, daß $r(q_p) > 0$ ist. Damit ist für $q = q_p$ der Wert von $r(q)$ positiv und somit liegt, da $r(q) \to +\infty$ für $q \to +\infty$ gilt, q_p rechts von der Nullstelle q_r von r. Also ist gezeigt

$$q_r < q_p$$

Dieselbe Ungleichung gilt dann für die entsprechenden Werte von i. $\square$

Aufgabe 3.8: Eine Anleihe wird mit 1000 verkauft, bringt halbjährlich 32 an Zinsgutschriften und wird zu 1000 Rückzahlkurs garantiert. Die Laufzeit betrage 3 Jahre. Nach 1,5 Jahren wird der Zins auf 35 je Gutschrift angehoben. Was ergibt sich dabei an Zuwachs in dem Effektivzinssatz (berechnet nach der US-Methode)?

Lösung: Anfangs ist der Effektivzinssatz bei $A = K$ gleich dem Nominalzinssatz und somit gleich $i = 0.064$. Für die Gesamtanleihe ergibt sich die Gleichung (3.1) in der Form

$$1000 \cdot q^6 - 32 \cdot q^5 - 32 \cdot q^4 - 32 \cdot q^3 - 35 \cdot q^2 - 35 \cdot q - 35 - 1000 = 0$$

Diese Gleichung läßt sich nicht mehr explizit lösen. Wir verwenden den Gleichungslöser eines Taschenrechners und haben die Tastenfolge:

$$[1]\ [0]\ [0]\ [0]\ [\times]\ [ALPHA]\ [Q]\ [y^x]\ [6]\ [ALPHA]\ [=]\ [3]\ [2]$$

$$[\times]\ [ALPHA]\ [Q]\ [y^x]\ [5]\ [+]\ [3]\ [2]\ [\times]\ [ALPHA]\ [Q]$$

$$[y^x]\ [4]\ [+]\ [3]\ [2]\ [\times]\ [ALPHA]\ [Q]\ [y^x]\ [3]\ [+]$$

$$[3]\ [5]\ [\times]\ [ALPHA]\ [Q]\ [y^x]\ [2]\ [+]\ [3]\ [5]\ [\times]$$

$$[ALPHA]\ [Q]\ [+]\ [3]\ [5]\ [+]\ [1]\ [0]\ [0]\ [0]\ [ENTER]$$

Nach Eingabe des Näherungswertes für Q durch $[1]\ [.]\ [ENTER]$ erhalten wir nach Drücken der Taste $[SOLVE]$ den Wert $Q = 1.033426081$ oder $i = 0.0669$. $\square$

Aufgabe 3.9: Für eine Anleihe mit n ganzen Jahren Laufzeit, jährlichen Zinsgutschriften von B, Verkaufskurs von A und Rückzahlkurs von K zeige man für das Verhältnis von Nominalzinssatz $i = B/A$ und Effektivzinssatz i_e nach der US-Methode die Ungleichungen:

$$K > A \Rightarrow i_e > B/A \quad \text{und} \quad K < A \Rightarrow i_e < B/A$$

Lösung: Wir betrachten die Gleichung (3.2)

$$p(q) = A \cdot q^n - B \cdot (q^n - 1)/q - 1 - K = 0$$

und setzen darin den Aufzinsfaktor des Nominalzinssatzes $q = 1 + B/A$ ein. Dann ergibt sich für den Wert von

$$p(1 + B/A) = A - K \quad \text{(nach kurzer Umformung)}.$$

Jetzt ist dann aber $p(1 + B/A)$ positiv bzw. negativ wenn $A > K$ bzw. $A < K$ ist. Dementsprechend liegt $q = 1 + B/A$ einmal rechts bzw. links von der Nullstelle des Polynoms p, welche den Effektivzinssatz bestimmt. $\square$

Aufgabe 3.10: Eine Anleihe zum Ausgabewert von 980 über 4 Jahre bringt alle zwei Jahre eine Zinsgutschrift von 110 und wird mit 1000 eingelöst. Wie hoch ist der Effektivzinssatz dieser Anleihe nach der US-Methode?

Lösung: Die Gleichung (3.1) lautet für diese Anleihe

$$980 \cdot q^2 - 110 \cdot q - 1110 = 0$$

Diese quadratische Gleichung kann explizit gelöst werden nach der bekannten Formel (§ 1)

$$q_1 = \left(110 + \sqrt{110^2 + 4 \cdot 980 \cdot 1110}\right)/1960$$

Mit Hilfe des Taschenrechners erhalten wir durch die Tastenfolge

$$[(] \; [1] \; [1] \; [0] \; [+] \; [\sqrt{\ }] \; [(] \; [1] \; [1] \; [0] \; [x^2] \; [+] \; [4] \; [\times] \; [9] \; [8]$$

$$[0] \; [\times] \; [1] \; [1] \; [1] \; [0] \; [)] \; [/] \; [1] \; [9] \; [6] \; [0] \; [ENTER]$$

den Wert 1.1218622938 angezeigt. Dies entspricht $i_e = 0.0609$.

Auch hier kann der Gleichunglöser eines Taschenrechners eingesetzt werden. Mit Hilfe der Tastendruckfolge

$$[9] \; [8] \; [0] \; [\times] \; [ALPHA] \; [Q] \; [x^2] \; [ALPHA] \; [=] \; [1] \; [1] \; [0]$$

$$[\times] \; [ALPHA] \; [Q] \; [+] \; [1] \; [1] \; [1] \; [0] \; [ENTER]$$

und nach Eingabe des Näherungswertes für Q durch die Tastendruckfolge

$$[1] \; [.] \; [ENTER]$$

erhalten wir nach Drücken der Taste $[SOLVE]$ den Wert $Q = 1.1218622938$ angezeigt, der wiederum ein $i_e = 0.0609$ ergibt. $\square$

Aufgabe 3.11: Eine Anleihe werde zum Preis von A verkauft und bringt jährlich eine Zinsgutschrift von B über eine Zeitspanne von n Jahren. Man zeige, daß beim Rückzahlkurs von $K = A$ der Nominalzinssatz B/A gleich dem Effektivzinssatz nach der US-Methode ist.

Lösung: Wir betrachten die Gleichung (3.2)

$$A \cdot q^n - B(q^n - 1)/(q-1) - A = 0$$

und setzen darin $q = 1 + B/A$ ein. Dann folgt wegen

$$B/(q-1) = A$$

schließlich, daß die obige Gleichung durch diesen Wert erfüllt ist. Somit ist $i_e = B/A$. $\square$

3.3 Effektivzinssatz nach der EU-Methode (AIBD-Methode)

Diese Methode kann als Modifikation der US-Methode angesehen werden. Für sie gelten die Arbeitshypothese 1 und 2 sowie die Regel 2 von der US-Methode. Lediglich Regel 1 wird hier abgeändert in

Regel 1*: Der für die unterjährigen Zeitabschnitte verwendete Wiederanlagezinssatz (bei den Rückflußraten) ergibt sich als exponentiell proportionaler Anteil am (effektiven) Jahreszinssatz (konformer Zinssatz).

Wir erhalten damit für den anteiligen Zinssatz bei z gleichen Zeitintervallen eines Jahres gemäß Formel (2.10)

$$i = (1 + i)^{\frac{1}{z}} - 1 \tag{3.4}$$

Führen wir wieder den Aufzinsfaktor dafür ein, so erhalten wir

$$q = 1 + i = (1 + i)^{\frac{1}{z}}$$

Wegen der unveränderlichen Regel 2 ergibt sich dafür nun die gleiche Polynomgleichung wie bei der US-Methode in (3.1) bzw. (3.2).

Somit führen die EU-Methode und die US-Methode jeweils auf dieselbe Polynomgleichung.

Beispiel: $n = 2$, $z = 2$, $A = K = 1000$, $B = 35$ (entspricht 7% Nominalzinssatz). Aus derselben Gleichung wie im Beispiel von 3.2 ergibt sich wiederum die Wurzel des Polynoms als $q = 1.035$ und daraus berechnet sich mit (3.4) dann $i_3 = 1.035^2 - 1 = 0.071225$ (also von dem der US-Methode verschieden). $\square$

Aufgabe 3.12: Man gebe eine Formel an, welche den Effektivzinssatz nach der US-Methode in denjenigen nach der EU-Methode und umgekehrt umrechnet.
Lösung: Dazu setzen wir die beiden Formeln für den unterjährigen Zinssatz (3.1) und (3.4) gleich und lösen diese Gleichung mit zwei Variablen einfach nach der jeweils gewünschten Variablen auf. Dies ergibt

$$i_{US}/z = \left(1 + i_{EU}\right)^{\frac{1}{z}} - 1$$

Im Einzelnen ergibt sich daraus dann

$$i_{EU} = \left(1 + i_{US}/z\right)^{z} - 1 \quad \text{und} \quad i_{US} = \left(\left(1 + i_{EU}\right)^{\frac{1}{z}} - 1\right) \cdot z. \;\square$$

Aufgabe 3.13: Man zeige, daß der Effektivzinssatz nach der US-Methode berechnet stets kleiner oder gleich demjenigen nach der EU-Methode berechneten ist.

Lösung: Nach Aufgabe 3.12 galt die Umrechnungsformel

$$i_{EU} = \left(1 + i_{US}/z\right)^{z} - 1$$

Wenden wir nun auf die Klammer in der rechten Seite die BERNOULLIsche Ungleichung (1.3) an, dann ergibt sich daraus

$$i_{EU} \geq \left(1 + i_{US}/z \cdot z\right) - 1 = i_{US}$$

Falls $z > 1$ und $i_{US} \neq 0$ sind, gilt stets das Größerzeichen. $\square$

Aufgabe 3.14: Eine Anleihe zum Preis von A verkauft, erbringt pro Zinszeitraum B Zinsgutschriften und läuft n Jahre. Sie wird mit dem Rücknahmepreis von A garantiert. Wie ist die Zinsgutschrift B zu wählen, damit der Effektivzinssatz nach der EU-Methode gleich dem Nominalzinssatz B/A der Anleihe ist?

Lösung: Die Gleichung (3.3) lautet in unserem Falle mit der Festlegung der Variablen q als $q = (1 + B/A)^{\frac{1}{z}}$

$$A \cdot q^{n \cdot z} - B \cdot \left(q^{n \cdot z} - 1\right)/(q - 1) - A = 0$$

$$A \cdot (1 + B/A)^{n} - B \cdot \left((1 + A/B)^{n} - 1\right) / (1 + B/A)^{\frac{1}{z}} - 1 - A = 0$$

$$A \cdot \left((1 + B/A)^{n} - 1\right) - B \cdot \left((1 + B/A)^{n} - 1\right) / \left((1 + B/A)^{\frac{1}{z}} - 1\right) = 0$$

Daraus ergibt sich die Bedingung

$$B = A \cdot \left((1 + B/A)^{\frac{1}{z}} - 1\right)$$

oder anders geschrieben

$$1 + B/A = (1 + B/A)^{z}$$

Diese notwendige Gleichung ist für $z > 1$ nur für $B = 0$ erfüllt. Somit gibt es keine nichttriviale Lösung für das Problem.

Eine weitere, kürzere Lösungsmöglichkeit kann man mit Hilfe von Aufgabe 3.13 und Aufgabe 3.11 angeben.

Nach Aufgabe 3.11 ist in unserem Falle der Effektivzinssatz $i_{US} = B/A$. Da nach Aufgabe 3.13 aber für $z > 1$ und $i_{US} \neq 0$ stets

$$i_{EU} > i_{US} = A/B$$

gilt, kann das Problem keine nichttriviale Lösung besitzen. $\square$

Aufgabe 3.15: Eine Anleihe wird zu 1000 verkauft und bringt pro Zinszeitraum bei $z = 2$ über 5 Jahre jeweils Zinsgutschriften von 30. Wie ist der Rückzahlungsbetrag festzusetzen, damit die Anleihe nach der EU-Methode den Effektivzinssatz gleich dem Nominalzinssatz (nach der herkömmlichen Methode) hat?

Lösung: Es gilt die Gleichung (3.3) mit

$$1000 \cdot q^{10} - 30 \cdot \left(q^{10} - 1\right)\big/(q-1) - K = 0$$

Jetzt setzen wir an

$$q = (1 + 60/1000)^{\frac{1}{2}}$$

und erhalten damit für den Rückzahlungsbetrag den Ausdruck

$$K = 1000 \cdot (1 + 60/1000)^{5} - 30 \cdot \left((1 + 60/1000)^{5} - 1\right)$$

$$\Big/\left((1 + 60/1000)^{\frac{1}{2}} - 1\right)$$

Dies ergibt auf dem Taschenrechner folgende Tastendruckfolge:

[1] [0] [0] [0] [×] [1] [.] [0] [6] $[y^x]$ [5] [−] [3] [0] [×] [(]

[1] [.] [0] [6] $[y^x]$ [5] [−] [1] [)] [/] [(] $[\sqrt{\ }]$ [1] [.] [0] [6]

[−] [1] [)] [ENTER]

Dann erscheint auf dem Display der Wert 995.005161 und somit ergibt sich daraus $K = 995.01$. □

Aufgabe 3.16: Eine Anleihe werde zu 1000 verkauft und bringt halbjährlich über 5 Jahre eine Zinsgutschrift von 30. Der Rückzahlungsbetrag beträgt 980. Wie hoch muß der Verkaufspreis angesetzt werden, damit sich nach der EU-Methode derselbe Effektivzinssatz ergibt wie bei der selben Anleihe mit der US-Methode?

Lösung: Für die ursprüngliche Anleihe lautet die Gleichung (3.2) zur Berechnung des Effektivzinssatzes

$$1000 \cdot q^{10} - 30 \cdot \sum_{j=1}^{10} q^{10-j} - 980 = 0$$

Daraus errechnet sich der Effektivzinssatz am einfachsten durch Umformung in die Gestalt (3.3)

$$1000 \cdot q^{10} - 30(q^{10} - 1)/(q - 1) - 980 = 0$$

durch die Tastendruckfolge

[1] [0] [0] [0] [×] [ALPHA] [Q] [y^x] [1] [0] [ALPHA] [=]

[3] [0] [×] [(] [ALPHA] [Q] [y^x] [1] [0] [–] [1] [)] [/]

[(] [ALPHA] [Q] [–] [1] [)] [–] [9] [8] [0] [ENTER]

Auf dem Display erscheint der Wert 1.02824121, was einem Effektivzinssatz von $i_e = 0.0565$ entspricht.

Nun haben wir die zweite Gleichung für den gesuchten Verkaufspreis aufzustellen:

$$A \cdot q^{10} - 30 \cdot (q^{10} - 1)/(q - 1) - 980 = 0$$

wobei jetzt aber q bekannt ist und zwar als

$$q = ((1.02824121 - 1) \cdot 2 + 1)^{\frac{1}{2}}$$

Dieser neue Wert von q ergibt sich durch die Tastendruckfolge (im Gleichungslösermodus)

[–] [1] [ENTER] [×] [2] [ENTER] [+] [1] [ENTER] [y^x]

[(] [1] [/] [2] [)] [ENTER]

als 1.027853307.

Nun wird die neue Gleichung durch folgende Tastendruckfolge eingegeben:

[3] [0] [×] [(] [ALPHA] [Q] [y^x] [1] [0] [–] [1] [)] [/]

[(] [ALPHA] [Q] [–] [1] [)] [+] [9] [8] [0] [ALPHA]

[=] [A] [×] [ALPHA] [Q] [y^x] [1] [0] [ENTER]

Wenn das Eingeben der neuen Gleichung im Editier-Modus durch Überschreiben der alten Gleichung geschieht, wird bei den meisten Rechnern der Wert der alten Variablen, hier das umgerechnete q, im Speicher gelassen. Somit wird beim Lösen der neuen Gleichung nach A automatisch der richtige Wert für q eingesetzt.

Auf dem Display erscheint der Wert für A als $A = 1003.318361$, also ist die Lösung $A = 1003.32$. $\Box$

3.4 Effektivzinssatz nach der Preisangabenverordnungs-Methode (PAngV-Methode)

Die Methode der Effektivzinsberechnung nach der PAngV in Deutschland stellt, international gesehen, eine Besonderheit dar. Sie wird nach Inkrafttreten der neuen EU-weiten Methode (siehe 3.3) nach einiger Zeit auslaufen und nur noch historische Bedeutung haben. Gegenwärtig ist sie aber bindende Vorschrift für die Berechnung des Effektivzinssatzes, der nach dem Gesetz z. B. in Kreditverträgen immer bindend angegeben werden muß.

Neben dem Zugrundelegen von 360 Tagen pro Jahr, was für unsere Rechnungen selten zu beachten sein wird, zeichnet sie sich durch eine gravierende Abweichung in der Regel 2 von der US- und EU-Methode aus. Während die Arbeitshypothesen 1 und 2 nach wie vor beibehalten werden und auch Regel 1 übernommen wird, ist dagegen Regel 2 grundlegend verschieden. Sie lautet hier folgendermaßen:

Regel 2*: Die kapitalwirksame Zinsverrechnung erfolgt erst jeweils am Ende eines Jahresintervalls bei sofortiger kapitalwirksamer Verrechnung der Rückflußraten

Offenbar ergibt sich zur US-Methode nur ein Unterschied, wenn unterjährliche (oder auch Zahlungsintervalle größer als ein Jahr) vorliegen. Wenn wir von gebrochenen Laufzeiten absehen, dann gibt die Anzahl der Jahre Laufzeit hier den Grad des Polynoms an. Dieser Grad wird in der Regel niedriger ausfallen als bei der US-Methode. So führt z. B. ein Darlehen mit monatlicher Zahlungsweise über 2 Jahre bei der US-Methode auf ein Polynom vom Grade 24, während bei der PAngV-Methode lediglich ein solches vom Grade 2 auftritt. Letzteres läßt sich noch ohne weiteres explizit lösen. Regel 2* besagt auch, daß sämtliche Zahlungen während eines Jahres als reine Tilgungen behandelt werden, also die Schuld vorübergehend mindern.

Um einfachere Ausdrücke zu erhalten, setzen wir hier nun zunächst $B_j = B$ voraus, dann ergibt sich der (Jahres-)Endwert der Rückflußraten während eines Jahres zu

$$B \cdot z + \sum_{j=1}^{z-1} B \cdot \tilde{\imath} \cdot (z - j) = B \cdot z + B \cdot (i/z) \cdot z \cdot (z-1)/2$$

$$= B \cdot (z + i \cdot (z-1)/2)$$

wobei wir die Summenformel (1.7) angewendet haben. Es waren dabei z gleiche Zeitintervalle für ein Jahr angenommen und es wurde, wie bei der US-Methode,

$$\tilde{\imath} = i/z$$

gesetzt. Somit erhalten wir also auf dem Konto # 1 den Endwert von

$$A \cdot q^n$$

und auf Konto # 2 den Endwert

$$B \cdot \sum_{j=1}^{n} (z + (q-1) \cdot (z-1)/2) \cdot q^{n-j} + K$$

wenn die Laufzeit mit n vollen Jahren angenommen wird.

Also ergibt sich hierfür die definierende Gleichung

$$A \cdot q^n - B \sum_{j=1}^{n} (z + (q-1) \cdot (z-1)/2) \cdot q^{n-j} - K = 0 \qquad (3.5)$$

was eine Polynomgleichung darstellt, die nicht in Normaldarstellung ist. Nach Anwenden der Summenformel für die geometrische Reihe (1.5) können wir diese Gleichung auch schreiben als

$$A \cdot q^n - B \cdot (z + (q-1) \cdot (z-1)/2) \cdot (q^n - 1)/(q-1) - K = 0$$

Beispiel: $n = 2$, $z = 2$, $A = K = 1000$, $B = 35$ (entspricht 7% Nominalzinssatz).

Die Gleichung (3.5) hat hier die Gestalt

$$1000 \cdot q^2 - 35 \cdot (2 + (q-1)/2) \cdot q - 35 \cdot (2 + (q-1)/2) - 1000 = 0$$

oder in Normalform geschrieben

$$982.5 \cdot q^2 - 70 \cdot q - 1052.5 = 0$$

Diese quadratische Gleichung läßt sich mit der bekannten Schulformel aus § 1 lösen und wir erhalten dabei die positive Lösung

$$q = \left(70 + \sqrt{70^2 + 4 \cdot 982.5 \cdot 1052.5}\right)\Big/1965$$

Nach entsprechenden Tastendruckfolgen (siehe etwa Aufgabe 3.10 für eine quadratische Gleichung) erhalten wir auf dem Display den Wert 1.071246819 was einem Effektivzinssatz von $i_e = 0.0712$ entspricht. $\square$

Aufgabe 3.17: Eine Anleihe werde mit 990 verkauft, sie bringt vierteljährlich Zinsgutschriften von 18, die Laufzeit betrage 2 Jahre und der Rückzahlbetrag sei 1000. Wie hoch muß der Verkaufspreis festgesetzt werden, damit der nach der US-Methode ermittelte Effektivzinssatz gleich demjenigen nach der PAngV-Methode ermittelten der veränderten Anleihe ist?

Lösung: Zuerst ermitteln wir den Effektivzinssatz nach der US-Methode und haben dazu die Gleichung (3.3) zu lösen, welche hier die folgende Gestalt hat:

$$990 \cdot q^8 - 18 \cdot \left(q^8 - 1\right)\big/(q - 1) - 1000 = 0$$

Die Lösung kann mit Hilfe des Gleichungslösers eines Taschenrechners durch Anwendung der Tastendruckfolge

$$[1] \ [8] \ [\times] \ [(] \ [ALPHA] \ [Q] \ [y^x] \ [8] \ [-] \ [1] \ [)] \ [/] \ [(]$$

$$[ALPHA] \ [Q] \ [-] \ [1] \ [)] \ [+] \ [1] \ [0] \ [0] \ [0] \ [ALPHA]$$

$$[=] \ [9] \ [9] \ [0] \ [\times] \ [ALPHA] \ [Q] \ [y^x] \ [8] \ [ENTER]$$

Nach Eingabe des Näherungswertes für Q durch [1] [.] [1] [ENTER] und durch drücken der Taste [SOLVE] erscheint auf dem Display der Wert 1.019361343 oder $i_e = 0.0774$.

Nun stellen wir für die PAngV-Methode die entsprechende (quadratische) Gleichung auf nach der Umformung (3.6)

$$A \cdot q^2 - 18 \cdot \left(4 + (q - 1) \cdot 3/2\right) \cdot \left(q^2 - 1\right)\big/(q - 1) - 1000 = 0$$

Wiederum mit Hilfe des Gleichungslösers eines Taschenrechners geben wir nun die Tastendruckfolge ein

$$[1]\ [8]\ [\times]\ [(]\ [4]\ [+]\ [1]\ [.]\ [5]\ [\times]\ [(]\ [ALPHA]\ [Q]\ [x^2]\ [-]$$

$$[1]\ [)]\ [/]\ [(]\ [ALPHA]\ [Q]\ [-]\ [1]\ [)]\ [+]\ [1]\ [0]\ [0]$$

$$[0]\ [ALPHA]\ [=]\ [ALPHA]\ [A]\ [\times]\ [ALPHA]\ [Q]\ [x^2]$$

$$[ENTER]$$

Nachdem diese Eingabe durch "Editieren", d. h. Überschreiben der ursprünglichen Gleichung geschah, hat die Variable Q noch ihren alten, zuletzt berechneten, Wert im Speicher. Wir können also jetzt durch Druck auf die Taste $[SOLVE]$ die Gleichung nach A auflösen und erhalten die Anzeige $A = 1103.312825$ oder die Lösung für A durch den Wert $A = 1103.31$. $\square$

Aufgabe 3.18: Was ergibt sich für A in Aufgabe 3.17, wenn man zur Berechnung von A den zur üblichen Genauigkeit gerundeten Wert für i_e verwendet?

Lösung: Zunächst ist die Rechnung die gleiche. Lediglich beim Auflösen der zweiten Gleichung nach A geben wir nach Eingabe der Gleichung den Wert für Q durch die Tastendruckfolge $[1]\ [.]\ [0]\ [1]\ [9]\ [4]\ [ENTER]$ ein und drücken die Taste $[SOLVE]$: Es erscheint der Wert von 1103.233874 am Display, d. h. $A = 1103.23$. $\square$

Aufgabe 3.19: Eine Anleihe wird mit A verkauft, bringt verkauft, bringt z mal im Jahr eine Zinsgutschrift von B, hat den Rückzahlwert von K und läuft über n Jahre. Gegen welchen Wert strebt positiv anzunehmende der Effektivzinssatz dieser Anleihe, der nach der PAngV-Methode berechnet wird, für hinreichend große Werte von n?

Lösung: Die Gleichung (3.6) zur Berechnung des Effektivzinssatzes lautete

$$A \cdot q^n - B \cdot \left(z + (q-1) \cdot (z-1)/2\right) \cdot (q^n - 1)/(q-1) - K = 0$$

Da $q > 1$ angenommen wird, gilt für $n \to \infty$ stets $q^n \to +\infty$. Dividieren wir nun die obige Gleichung durch die positive Größe q^n, dann ergibt sich

$$A - B \cdot \left(z + (q-1) \cdot (z-1)/2\right) \cdot (1 - 1/q^n)/(q-1) - K/q^n = 0$$

und diese Gleichung strebt für $n \to \infty$ gegen die Gleichung

$$A - B \cdot \left(z + (q-1) \cdot (z-1)/2\right)/(q-1) = 0$$

Diese Gleichung hat die Lösung für $q - 1$

$$i = q - 1 = (B/A) \cdot z / \left(1 - (B/A)(z-1)/2\right). \quad \square$$

Aufgabe 3.20: Gegen welchen Wert strebt der Effketivzinssatz in Aufgabe 3.19 für große Werte von n, wenn er als negativ angenommen wird?

Lösung: Wegen $-1 < i < 0$ gilt dann $0 < q < 1$ und für $n \to \infty$ gilt dann $q^n \to 0$. Die Gleichung (3.6) strebt dann gegen die Gleichung

$$B \cdot \left(z + (q-1) \cdot (z-1)/2\right)/(q-1) - K = 0$$

Das ist aber dieselbe Gleichung wie in Aufgabe 3.19, nur mit K anstelle von A. Somit folgt auch als Lösung einfach der entsprechende Ausdruck

$$i = 1 - q = -(B/K) \cdot z / \left(1 - (B/K) \cdot (z-1)/2\right). \quad \square$$

Bemerkung: Im Vergleich zum Ergebnis von Aufgabe 3.5 und 3.6 ergibt sich hier nach der PAngV-Methode auch in der Grenze ein etwas höherer Effektivzinssatz, der im ersten Falle um den Faktor $1/\left(1 - (B/A) \cdot (z-1)/2\right)$ größer ist.

Aufgabe 3.21: Man lege eine Anleihe wie in den Aufgaben 3.5 und 3.19 zugrunde. Wie sieht ein Größenvergleich der entsprechenden Grenzwerte für die Effektivzinssätze bei $z = 2$ für $n \to \infty$ aus, wenn man auch noch den Fall der EU-Methode, als Modifikation der US-Methode, hinzunimmt?

Lösung: Die drei verschiedenen Effektivzinssätze ergeben sich zu

$$i_{US} = (B/A) \cdot 2, \; i_{EU} = (1 + B/A)^2 - 1 \quad \text{und} \quad i_{PA} = (B/A) \cdot 2 / \left(1 - (B/A)/2\right)$$

Die Entwicklung der Formel für i_{EU} nach der binomischen Formel (1.1) ergibt

$$i_{EU} = 2 \cdot (B/A) + (B/A)^2$$

während die Entwicklung der Formel für i_{PA} nach der geometrischen Summen-formel (1.5) den Ausdruck

$$i_{PA} = 2 \cdot (B/A) + (B/A)^2 + \ldots$$

ergibt. Die erste Summe bei i_{EU} ist endlich und hat die gleichen Summanden wie die zweite am Anfang. Damit gilt im Limes auf jeden Fall $i_{PA} > i_{EU}$. Da wegen der BEERNOULLIschen Ungleichung (1.3) auch $i_{EU} > i_{US}$ galt, folgt somit im Limes $n \to \infty$:

$$i_{PA} > i_{EU} > i_{US}. \quad \square$$

§ 4 Rentenrechnung

4.1 Definition einer Rente

Renten sind Zahlungsströme mit sicheren und in der (nicht notwendig gleichen) Höhe vorgegebenen Zahlungen. Die Gesamtheit der Zahlungen heißt Rente, die einzelnen Zahlungen dagegen Raten.

Man unterscheidet nun die Art der Rente nach folgenden Merkmalen:

i)   Dauer der Rente; wir behandeln hier nur zeitlich begrenzte Renten mit vorgegebener Dauer und als Grenzfall die ewigen Renten.

ii)   Die Länge der als gleich vorausgesetzten Zahlungsintervalle für die Raten.

iii)   Den Fälligkeitstermin bezogen auf die einzelne Zahlungsperiode. Wir unterscheiden dabei

      a)   vorschüssige Zahlungen (zu Beginn einer Periode) und

      b)   nachschüssige Zahlungen (am Ende einer Periode).

iv)   Die Länge der Zinsperiode, d. h. den Zeitpunkt der Zinskapitalisierung, welche angewendet wird. (Bei der US-Methode oder EU-Methode zur Berechnung des Effektivzinssatzes einer Rente spielt dies keine Rolle.)

Generell wird vereinbart, daß die Verzinsung mit Zinseszinsen angewendet wird und zwar nachschüssig, wie in den Abschnitten 2.2 - 2.4.

In den Formeln bei der Rentenrechnung treten folgende Größen und Abkürzungen auf:

      r die Ratenhöhe (zunächst konstant).

      R_n Endwert der Rente, d. h. Wert aller Zahlungen nach Ablauf der Rentendauer ($t = n$).

      R_0 Barwert der Rente, d. h. Wert aller Zahlungen zu Beginn der Ratenzahlungen ($t = 0$).

      n Anzahl der Ratenzahlungen.

i Zinssatz der Rente, nach welchem der gesamte Zahlungsstrom verzinst wird. Dies kann entweder ein vereinbarter Kalkulationszinssatz sein oder ein Effektivzinssatz (vergleich § 3).

Die später behandelten Rentenformeln drücken z. B. den Wert R_n durch die übrigen Größen r, i und n aus. Wenn drei dieser Größen vorgegeben sind, dann läßt sich aus der Rentenformel die vierte durch Auflösen einer Gleichung berechnen.

4.2 Jährliche, konstante Raten bei jährlicher Verzinsung

(I) Nachschüssige Ratenzahlungen

Die Nachschüssigkeit der Ratenzahlungen kennzeichnen wir durch einen oberen Index "(n)" bei den entsprechenden Größen. Die Summe der Zahlungen mit Zinseszinsen über die entsprechende Zeit ergibt sich als

$$R_n^{(n)} = r + r \cdot q + r \cdot q^2 + \ldots + r \cdot q^{n-1},\ q = 1 + i$$

oder durch Anwendung der Summenformel für die geometrische Reihe (1.5)

$$R_n^{(n)} = r \cdot \frac{q^n - 1}{q - 1} \tag{4.1}$$

Der Barwert der Zahlungen ergibt sich daraus einfach durch

$$R_0^{(n)} = R_n^{(n)} \bigg/ q^n = r \cdot \frac{1 - q^{-n}}{q - 1} \tag{4.2}$$

Aus diesen Formeln ergibt sich durch Auflösen die Ratenhöhe (hier mit "(n)" indiziert als

$$r^{(n)} = R_n^{(n)} \cdot \frac{q - 1}{q^n - 1} \quad \text{bzw.} \quad r^{(n)} = R_0^{(n)} \cdot \frac{q - 1}{1 - q^{-n}} \tag{4.3}$$

Schließlich erhalten wir für die Dauer der Rente durch Auflösen die Formeln

$$n^{(n)} = \frac{\ln\left[\dfrac{R_n^{(n)} \cdot (q-1)}{r} + 1\right]}{\ln q} \quad \text{bzw.} \quad n^{(n)} = \frac{-\ln\left[\dfrac{R_0^{(n)} \cdot (q-1)}{r}\right]}{\ln q} \qquad (4.4)$$

Aufgabe 4.1: Es werden bei vereinbarten 5% Verzinsung jährlich am Ende eines Jahres die Beträge von 100 auf ein Vermögenskonto einbezahlt. Welchen Wert hat dieser Vermögenssparvertrag nach Ablauf von 7 Jahren? Welchen Wert hat das Vermögenskonto zu Beginn des Abschlusses (bei gleicher angenommener Laufzeit)?

Lösung: Der Endwert ergibt sich aus Formel (4.1) zu

$$R_7^{(n)} = 100 \cdot \frac{(1.05)^7 - 1}{0.05}$$

Diese Formel kann einfach mit Hilfe eines Taschenrechners ausgewertet werden durch Anwenden der Tastendruckfolge:

$$[1]\ [.]\ [0]\ [5]\ [y^x]\ [7]\ [ENTER]\ [-]\ [1]\ [ENTER]\ [\times]\ [1]$$

$$[0]\ [0]\ [ENTER]\ [/]\ [0]\ [.]\ [0]\ [5]\ [ENTER]$$

(Hier wurde nicht die algebraische Formeleingabe benutzt um zu zeigen, wie auch auf einem relativ primitiven Taschenrechner der Wert einfach ausgerechnet werden kann.)

Auf dem Display wird der Wert 814.20008453 angezeigt, also ist $R_7^{(n)} = 814.20$.

Durch einfache Rechnung ergibt sich daraus der Wert von $R_0^{(n)} = 814.20/(1.05)^7$ als 578.6373397 oder kurz 578.64. $\square$

Aufgabe 4.2: Es wird der Betrag von 1000 bei vereinbarter Verzinsung von 5% auf ein Konto angelegt. Wie lange kann von diesem angelegten Geld jeweils am Ende eines Jahres ein Betrag von 100 abgehoben werden?

Lösung: Hier verwenden wir die zweite der Formeln (4.4) mit

$$n^{(n)} = \frac{-\ln(1 - 50/100)}{\ln 1.05} = \frac{-\ln(50/100)}{\ln 1.05} = (\ln 2)/\ln 1.05$$

Mit Hilfe eines einfachen Taschenrechners erhalten wir den Wert 14.206... also mehr als 14 Jahre. $\square$

Aufgabe 4.3: Wie lange müssen mindestens Beträge von 100 am Ende eines ieden Jahres auf ein Vermögenskonto einbezahlt werden, damit bei vereinbarten 5% Verzinsung ein Betrag von wenigstens 1000 erreicht wird?

Lösung: Wir wenden die erste der Formeln (4.4) an und erhalten hier

$$n^{(n)} = (\ln 1.5)/\ln 1.05$$

und dann mit Hilfe eines Taschenrechners den Wert 8.310... oder mindestens 9 Jahre. $\square$

Aufgabe 4.4: Welcher Betrag kann am Ende eines jeden Jahres über einen Zeitraum von 10 Jahren abgehoben werden, wenn der Betrag von 1000 zu Beginn auf das Konto einbezahlt wird und eine Verzinsung von 6% vereinbart wird?

Lösung: Wir wenden die zweite der Formeln (4.3) an und erhalten

$$r^{(n)} = 1000 \cdot 0.06 / \left(1 - (1.06)^{-10}\right)$$

Auf dem Taschenrechner ausgewertet ergibt dies den Wert 135.8679582 oder $r^{(n)} = 135.87$. $\square$

Aufgabe 4.5: Welcher Betrag muß am Ende eines jeden Jahres auf ein Vermögenskonto einbezahlt werden, damit nach Ablauf von 10 Jahren bei vereinbarter Verzinsung von 6% ein Betrag von 1000 auf dem Konto ist?

Lösung: Wir wenden hier die erste der Formeln (4.3) an und erhalten den Ausdruck

$$r^{(n)} = 1000 \cdot 0.06 / \left((1.06)^{10} - 1\right)$$

der mit einem Taschenrechner ausgewertete Wert ergibt 75.86795822 oder $r^{(n)} = 75.87$. $\square$

Aufgabe 4.6: Ein Rentenvertrag enthält folgende Vereinbarung: Es werden zu Beginn 1000 auf ein Konto einbezahlt und danach werden am Ende jeden Jahres 10 Jahre lang die Beträge von 130 ausbezahlt. Was muß dieser Vertrag als Effektivzinssatz angeben?

Lösung: Wir haben die Gleichung in Formel (4.2) nach q aufzulösen. Es ergibt sich dabei zunächst

$$R_0^{(n)} = 1000 = 130 \cdot q^{-1}\left(q^{-10} - 1\right)/\left(q^{-1} - 1\right)$$

Wenn wir der Einfachheit halber die Variablentransformation $u = q^{-1}$ vornehmen, dann können wir den Wert von u durch folgende Tastendruckfolge mit Hilfe des Gleichungslösers eines Taschenrechners ausrechnen.

$$[1]\ [0]\ [0]\ [0]\ [ALPHA]\ [=]\ [ALPHA]\ [U]\ [\times]\ [1]\ [3]\ [0]\ [\times]$$

$$[(]\ [ALPHA]\ [U]\ [y^x]\ [1]\ [0]\ [-]\ [1]\ [)]\ [/]\ [(]\ [ALPHA]$$

$$[U]\ [-]\ [1]\ [)]\ [ENTER]$$

Nach Eingabe des Näherungswertes für u als $[0]\ [.]\ [9]\ [5]\ [ENTER]$ und nach Drücken der Taste $[SOLVE]$ erhalten wir den Wert von u als $U = 0.95166764$ angezeigt. Durch die Tastendruckfolge $[y^x]\ [(-)]\ [1]\ [ENTER]$ errechnen wir damit den zugehörigen Wert von q als $Q = 1.050787016$ oder $i = 0.0508$. $\square$

Aufgabe 4.7: Ein Ratensparvertrag sieht vor, daß am Ende eines jeden Jahres für 7 Jahre ein Betrag von 100 einbezahlt wird, wobei am Ende der Vertragszeit dem Sparer der Betrag von 825 ausbezahlt wird. Welcher Effektivzinssatz muß in dem Vertrag angegeben werden?

Lösung: Wir verwenden die Gleichungen in (4.1) in der ursprünglichen Form als

$$825 = 100 \cdot q^6 + \ldots + 100 = 100 \cdot \frac{q^7 - 1}{q - 1}$$

und haben dies nach q aufzulösen. Dies kann mit Hilfe des Gleichungslösers eines Taschenrechners geschehen und zwar durch die folgende Tastendruckfolge:

$$[8]\ [2]\ [5]\ [ALPHA]\ [=]\ [1]\ [0]\ [0]\ [\times]\ [(]\ [ALPHA]\ [Q]\ [y^x]$$

$$[7]\ [-]\ [1]\ [)]\ [/]\ [(]\ [ALPHA]\ [Q]\ [-]\ [1]\ [)]\ [ENTER]$$

Nach Eingabe des Näherungswertes für q als [1] [.] [0] [3] [ENTER] und nach Drücken der Taste [SOLVE] wird der Wert $Q = 1.054328391$ oder $i = 0.0543$. $\Box$

(II) Vorschüssige Ratenzahlungen

Nun wollen wir noch entsprechende Formeln für den Fall, daß die Ratenzahlungen zu Beginn einer Zahlungsperiode vorgenommen werden, angeben. Wie indizieren die entsprechenden Größen dann mit "(v)".

Es ergeben sich im Einzelnen:

$$R_n = r \cdot q + r \cdot q^2 + \ldots + r \cdot q^n = r \cdot q \cdot (q^n - 1)/(q - 1)$$

Es gilt also die Formel

$$R_n^{(v)} = r \cdot q \cdot (q^n - 1)/(q - 1) \tag{4.5}$$

Daraus leiten sich wie in (I) die anderen Formeln ganz entsprechend ab und wir geben hier nur die fertigen Formeln an:

$$R_0^{(v)} = R_n^{(v)}/q^n = q \cdot r \cdot (1 - q^{-n})/(q - 1) \tag{4.6}$$

$$r^{(v)} = R_n^{(v)} \cdot (1 - 1/q)/(q^n - 1) \quad \text{bzw.} \quad r^{(v)} = R_0^{(v)}(1 - 1/q)/(1 - q^{-n}) \tag{4.7}$$

$$n^{(v)} = \frac{\ln\left[\dfrac{R_n^{(v)} \cdot (q - 1)}{r \cdot q} + 1\right]}{\ln q} \quad \text{bzw.} \quad n^{(v)} = \frac{-\ln\left[1 - \dfrac{R_0^{(v)}(q - 1)}{r \cdot q}\right]}{\ln q} \tag{4.8}$$

Aufgabe 4.8: Es werden bei vereinbarten 5% Verzinsung jährlich zu Beginn eines Jahres die Beträge von 100 auf ein Vermögenskonto einbezahlt. Welchen Wert hat der Vermögenssparvertrag nach Ablauf von 7 Jahren? Welchen Wert hat das Vermögenskonto zu Beginn des Abschlusses (bei gleich angenommener Laufzeit)?

Lösung: Der Endwert ergibt sich aus Formel (4.5) durch

$$100 \cdot 1.05 \cdot (1.05^7 - 1)/0.05$$

Auf dem Taschenrechner errechnet sich dieser Wert in analoger Weise wie in Aufgabe 4.1 (durch zusätzliches Drücken der Tasten [×] [1] [.] [0] [5] [*ENTER*] als 854.9108875 oder $R_n^{(v)} = 854.91$.

Entsprechend ergibt sich durch die zweite Formel (4.6)

$$R_0^{(v)} = 100 \cdot 1.05 \cdot (1 - 1.05^{-10})/0.05$$

analog wie in Aufgabe (4.1) $R_0^{(v)} = 854.9108875/1.05^7$ oder ausgerechnet als 607.5692067 oder $R_0^{(v)} = 607.57$. $\square$

Aufgabe 4.9: Es wird ein Betrag von 1000 bei vereinbarter Verzinsung von 5% auf ein Konto angelegt. Wie lange kann von dieser Geldanlage jeweils zu Beginn eines jeden Jahres der Betrag von 100 abgehoben werden?

Lösung: Es ist Formel (4.8) zweiter Teil anzuwenden. Dies ergibt hier den Ausdruck

$$-\ln(1 - 50/105)/\ln 1.05 = -(\ln 55/105)/\ln 1.05 =$$

oder ausgerechnet 13.2532279 was mindestens 13 1/4 Jahre bedeutet. $\square$

Aufgabe 4.10: Welcher Betrag kann am Anfang eines jeden Jahres über einen Zeitraum von 10 Jahren abgehoben werden, wenn der Betrag von 1000 zu Beginn auf das Konto einbezahlt wird und eine Verzinsung von 6% vereinbart wurde?

Lösung: Wir wenden hier die zweite Formel in (4.7) an und erhalten den Ausdruck

$$r^{(v)} = 1000 \cdot (1 - 1/1.06)/(1 - 1.06^{-10})$$

oder ausgerechnet 128.1773191 oder $r^{(v)} = 128.18$. $\square$

Aufgabe 4.11: Bei einem Ratensparvertrag ist am Anfang jeden Jahres der Betrag von 100 einzuzahlen, der Vertrag soll über 7 Jahre laufen und es wird danach die Summe von 825 zurückbezahlt. Wie hoch ist der Effektivzinssatz im Vertrag anzugeben?

Lösung: Wir wenden die ursprüngliche Gleichung an, die zu (4.5) führte und erhalten hier

$$825 = 100 \cdot q + 100 \cdot q^2 + \ldots + 100 \cdot q^7 = 100 \cdot q \cdot (q^7 - 1)/(q - 1)$$

und diese Gleichung ist nach q aufzulösen. Dies geschieht in ähnlicher Weise wie bei Aufgabe 4.7 mit Hilfe des Gleichungslösers eines Taschenrechners. Wir erhalten dabei das Ergebnis $Q = 1.041087301$ oder $i = 0.0411$. $\square$

4.3 Unterjährige, konstante Raten bei jährlicher Verzinsung

Wiederum wollen wir zunächst nachschüssige Ratenzahlungen voraussetzen. Bei jährlicher Verzinsung und unterjährigen Zahlungen haben wir ein Analogon wie bei der PAngV-Methode (vergleiche Abschnitt 3.4). Wir nehmen an, daß z feste Raten pro Jahr in periodischen Abständen gezahlt werden. Ferner setzen wir voraus:

i)   Es ist der linear proportionale Zinssatz auf den unterjährigen Zeitraum anzuwenden. (Siehe Regel 1 in Abschnitt 3.2 und 3.4.)

ii) Die kapitalwirksame Zinsverrechnung erfolgt jeweils zum Ende eines Jahres bei sofortiger kapitalwirksamer Verrechnung der einzelnen Raten. (Siehe Regel 2* in Abschnitt 3.2 und 3.4.)

Wir können den hier vorliegenden Fall unterjähriger Ratenzahlungen auf die Vorgehensweise in Abschnitt 4.2 zurückführen, indem wir den Endwert der unterjährigen Ratenzahlungen am Ende eines Zahlungsjahres $\rho^{(n)}$ (als sogenannte Ersatzrate) berechnen und dann in die Formeln von Abschnitt 4.2 einsetzen.

Hierbei ergibt sich

$$\rho^{(n)} = r + r \cdot (1 + i/z) + r \cdot (1 + 2i/z) + \ldots + r \cdot (1 + (z-1)i/z)$$

$$= r \cdot z + r \cdot i \cdot (1 + 2 + \ldots + z - 1)/z$$

Nach Anwendung der Summenformel (1.7) und einfacher Umformung ergibt sich der Ausdruck

$$\rho^{(n)} = r \cdot \left(z + i \cdot (z-1)/2\right)$$

Die unterjährigen Ratenzahlungen entsprechenalso einer jährlichen (Ersatz-) Rate von $\rho^{(n)}$. Diese Formel können wir anstelle von r jetzt in die Formeln (4.1) und (4.2) einsetzen und erhalten damit die entsprechenden Formeln für die unterjährigen Raten.

$$R_n^{(n)} = r \cdot \left(z + (q-1) \cdot (z-1)/2\right) \cdot \left(q^n - 1\right)/(q-1) \tag{4.9}$$

$$R_0^{(n)} = r \cdot \left(z + (q-1) \cdot (z-1)/2\right) \cdot \left(1 - q^{-n}\right)/(q-1) \tag{4.10}$$

Entsprechend kann man auch die anderen Formeln direkt aus jenen des Abschnittes 4.2 (I) herleiten.

Aufgabe 4.12: Es werden bei einem vereinbarten Zinssatz von 5% vierteljährlich nachschüssig jeweils Raten in Höhe von 25 auf ein Vermögenskonto einbezahlt. Wie hoch ist nach Ablauf von 7 Jahren der Kontostand? Welchen Wert hat das Konto bei gleicher Vertragszeit zu Beginn des Vertrages?

Lösung: Wir setzen zunächst die Formel (4.9) $z = 4$, $q = 1.05$ und $n = 7$ ein. Dann ergibt sich der zu berechnende Ausdruck als

$$R_7^{(n)} = 25 \cdot (4 + 0.025 \cdot 3) \cdot \left(1.05^7 - 1\right)/0.05$$

Eine einfache Rechnung mit Hilfe eines Taschenrechners ergibt den Wert 829.4671111 oder $R_7^{(n)} = 829.47$.

Setzen wir diese Daten in die Formel (4.10) ein, ergibt sich der Ausdruck

$$R_0^{(n)} = 25 \cdot (4 + 0.025 \cdot 3) \cdot \left(1 - 1.05^{-7}\right)/0.05$$

mit dem berechneten Wert 589.4867898 oder $R_0^{(n)} = 589.49$. $\square$

Aufgabe 4.13: Ein Betrag von 1000 wird auf einem Konto zu 5% Verzinsung angelegt. Wie lange kann von diesem angelegten Geld jeweils am Ende eines Vierteljahres der Betrag von 25 abgehoben werden?

Lösung: Die entsprechende Formel lautet hier

$$n^{(n)} = \frac{-\ln\left[1 - \dfrac{R_0^{(n)}(q-1)}{r\cdot(z+(q-1)(z-1)/2)}\right]}{\ln q}$$

und mit den Daten $z = 4$, $i = 0.05$ und $R_0^{(n)} = 1000$ erhalten wir den Ausdruck

$$-\ln\left(1 - \frac{50}{25\cdot 4.075}\right)\Big/\ln 1.05$$

der auf dem Taschenrechner ausgerechnet den Wert 13.83290269 oder mindestens 13 $\frac{3}{4}$ Jahre (vergleiche Aufgabe 4.9). $\square$

Aufgabe 4.14: Wie lange müssen mindestens Beträge von 25 am Ende eines jeden Vierteljahres angelegt werden, damit bei 5% Verzinsung ein Betrag von 1000 angespart wird?

Lösung: Die entsprechende Formel lautet

$$n^{(n)} = \frac{\ln\left[\dfrac{R_n^{(n)}(q-1)}{r\cdot(z+(q-1)(z+1)/2)}\right]}{\ln q}$$

und mit den Daten $z = 4$, $q = 1.05$, $R_n^{(n)} = 1000$ ergibt sich der Ausdruck

$$\ln(1 + 50/25)/\ln 1.05$$

der ausgerechnet den Wert 8.18425... oder mindestens 8 $\frac{1}{4}$ Jahre. $\square$

Aufgabe 4.15: Bei einem Ratensparvertrag ist am Ende eines jeden Vierteljahres der Betrag von 25 einzuzahlen und das für 7 Jahre. Nach Vertragsablauf wird der Betrag von 825 zurückbezahlt. Wie hoch ist der Effektivzinssatz im Vertrag anzugeben?

Lösung: Wir gehen von Gleichung (4.9) aus und setzen darin $z = 4$, $n = 7$, $r = 25$ und $R_n^{(n)} = 825$ ein und erhalten dann die konkrete Gleichung

$$825 = 25 \cdot \left(4 + (q-1) \cdot 3/2\right) \cdot (q^7 - 1)/(q-1)$$

Diese Gleichung ist nach q aufzulösen. Dies kann mit Hilfe des Gleichungslösers eines Taschenrechners erfolgen durch die folgende Tastendruckfolge:

[8] [2] [5] [*ALPHA*] [=] [2] [5] [×] [(] [4] [+] [(] [*ALPHA*]

[*Q*] [−] [1] [)] [×] [1] [.] [5] [)] [×] [(] [*ALPHA*] [*Q*]

[y^x] [7] [−] [1] [)] [/] [(] [*ALPHA*] [*Q*] [−] [1] [)]

[*ENTER*]

Nach Eingabe des Näherungswertes für q durch [1] [.] [0] [2] [*ENTER*] und Drücken der Taste [*SOLVE*] wird der Wert $Q = 1.048416533$ oder $i = 0.0484$ angezeigt. $\square$

Analog läßt sich auch der Fall von vorschüssigen, unterjährigen Ratenzahlungen behandeln. Wir berechnen dazu wiederum die Ersatzjahresrate $\rho^{(v)}$ und setzen diese in die entsprechenden Formeln des Abschnittes 4.2 für r ein, um die neuen Formeln zu erhalten. Da sich die Vorschüssigkeit der Zahlung nur auf die Ratenzahlungen bezieht, muß auch hier die Verzinsung erst am Ende eines Jahres vorgenommen werden. Dies bedeutet, daß wir die Ersatzrate $\rho^{(v)}$ in die entsprechenden Formeln für den nachschüssigen Fall in 4.2 einsetzen müssen. Die Vorschüssigkeit kommt dann lediglich in der Berechnung von $\rho^{(v)}$ zum Ausdruck. Es ergibt sich dann:

$$\rho^{(v)} = r \cdot (1 + i/z) + r \cdot (1 + 2i/z) + \ldots + r \cdot (1 + z \cdot i/z)$$

$$= z \cdot r + (i/z) \cdot (1 + 2 + \ldots + z) = r \cdot z + r \cdot (q-1) \cdot (z+1)/2$$

Dies eingesetzt in die Formeln (4.1) und (4.2) ergibt dann die neuen, hier gültigen, Formeln der Gestalt:

$$R_n^{(v)} = r \cdot \left(z + (q-1) \cdot (z+1)/2\right) \cdot (q^n - 1)/(q-1) \tag{4.11}$$

$$R_0^{(v)} = r \cdot \left(z + (q-1) \cdot (z+1)/2\right) \cdot (1 - q^{-n})/(q-1) \tag{4.12}$$

Aufgabe 4.16: Bei einem vereinbarten Zinssatz von 5% werden vierteljährlich vorschüssig jeweils Raten in Höhe von 25 auf ein Vermögenskonto einbezahlt.

Wie hoch ist nach Ablauf von 7 Jahren der Kontostand? Welchen Wert hat der Sparvertrag bei gleicher Laufzeit zu Beginn des Vertrages?

Lösung: Wir setzen zunächst in Formel (4.11) die folgenden Daten ein: $z = 4$, $q = 1.05$, $n = 7$ und $r = 25$. Dann erhalten wir den Ausdruck

$$R_7^{(v)} = 25 \cdot (4 + 0.05 \cdot 5/2) \cdot (1.05^7 - 1)/0.05$$

$$= 25 \cdot (4 + 0.125) \cdot (1.05^7 - 1)/0.05$$

der ausgewertet mit Hilfe eines Taschenrechners (auf ähnliche Weise wie in Aufgabe 4.1 oder 4.12) den Wert 839.6446217 oder $R_7^{(v)} = 839.64$ ergibt.

Dieselben Daten setzen wir dann in Formel (4.12) ein und erhalten den Ausdruck

$$R_0^{(v)} = 25 \cdot (4 + 0.125) \cdot (1 - 1.05^{-7})/0.05$$

der ausgewertet das Ergebnis 596.7197566 oder $R_0^{(v)} = 596.72$ hat. $\square$

Aufgabe 4.17: Der Betrag von 1000 wird auf ein Konto zu 5% Verzinsung angelegt. Wie lange kann aus dieser Geldanlage jeweils am Beginn eines Vierteljahres der Betrag von 25 abgehoben werden?

Lösung: Die entsprechende Formel lautet hier

$$n^{(v)} = \frac{-\ln\left[1 - \dfrac{R_0^{(v)} \cdot (q-1)}{r \cdot (z + (q-1)(z+1)/2)}\right]}{\ln q}$$

und mit den Daten $z = 4$, $q = 1.05$, $r = 25$ und $R_0^{(v)} = 1000$ eingesetzt ergibt sich der Zahlausdruck

$$n^{(v)} = -\ln\left(1 - \frac{50}{25 \cdot 4.125}\right)\Big/\ln 1.05$$

welcher auf dem Taschenrechner ausgewertet 13.59483471 oder mindestens $13\tfrac{1}{2}$ Jahre ergibt. Im Vergleich zur Nachschüssigkeit bei Aufgabe 4.13 ergibt sich hier ein um $\tfrac{1}{4}$ Jahr verkürzter Zahlungszeitraum. $\square$

Aufgabe 4.18: Welcher Betrag muß am Anfang eines jeden Vierteljahres über einen Zeitraum von 10 Jahren bei vereinbarter Verzinsung von 6% auf ein Vermögenskonto einbezahlt werden, damit ein Betrag von 1000 nach Ablauf der Vertragszeit auf dem Konto ist?

Lösung: Die entsprechende Formel lautet hier

$$r^{(v)} = R_{10}^{(v)} / \left(z + (q-1) \cdot (z+1)/2 \right) \cdot (q-1) / \left(q^{10} - 1 \right)$$

oder mit den Daten $z = 4$, $q = 1.06$, $R_{10} = 1000$ und $n = 10$ eingesetzt der Zahlausdruck

$$r_{(v)} = 1000 / 4.125 \cdot 0.06 / \left(1.06^{10} - 1 \right)$$

der auf dem Taschenrechner ausgewertet 18.392... oder $r^{(v)} = 18.39$ ergibt. $\square$

Aufgabe 4.19: Ein Ratensparvertrag sieht vor, daß am Anfang eines jeden Vierteljahres ein Betrag von 25 einzuzahlen ist. Der Vertrag läuft über 7 Jahre. Nach Vertragsablauf wird der Betrag von 825 zurückbezahlt. Wie hoch ist der Effektivzinssatz anzugeben?

Lösung: Wir gehen von Gleichung in (4.11) aus, die in unserem Falle lautet

$$825 = 25 \cdot \left(4 + (q-1) \cdot 5/2 \right) \cdot \left(q^7 - 1 \right) / (q-1)$$

und nach q aufzulösen ist. Dies geschieht mit ähnlicher Tastendruckfolge wie bei der Lösung von Aufgabe 4.15. Es ergibt sich dabei der Wert $Q = 1.045176528$ oder $i = 0.0452$. $\square$

Aufgabe 4.20: Ein Ratensparvertrag sieht vor, daß am Ende eines jeden Vierteljahres ein Betrag von 30 einbezahlt wird. Der Vertrag läuft über 10 Jahre und nach Ablauf des Vertrages wird 1800 zurückbezahlt. Wie groß wäre die vierteljährliche Rate, wenn sie im voraus bezahlt werden würde bei sonst gleichen Bedingungen des alten Vertrages?

Lösung: Es ist zunächst der Effektivzinssatz i^* des nachschüssig bezahlten Vertrages zu berechnen. Dieses ergibt sich aus (4.9) durch Lösung der Gleichung

$$1800 = 30 \cdot \left(4 + (q-1) \cdot \tfrac{3}{2} \right) \cdot \left(q^{10} - 1 \right) / (q-1)$$

nach der Variablen q.

Mit Hilfe eines Gleichungslösers eines Taschenrechners ergibt sich dafür der Wert

$$q = 1.081030473 \quad \text{oder} \quad i^* = 0.0810$$

Mit diesem i^* berechnen wir dann die Ratenhöhe r wiederum aus Formel (4.11) bei $R_{10}^{(v)} = 1800$, $i = 0.0810$, $n = 10$ und $z = 4$. Dies ergibt

$$r^{(v)} = \frac{1800 \cdot i^*}{\left(4 + i^* \cdot 5/2\right)\left(\left(1 + i^*\right)^{10} - 1\right)}$$

Auf einem Taschenrechner ausgewertet ergibt dies den Wert 29.42156578 oder $r^{(v)} = 29.42$. $\square$

4.4 Jährliche, geometrisch veränderliche Raten bei jährlicher Verzinsung

Wir weichen hier von der Annahme der vorangegangenen Abschnitte ab, daß die Ratenhöhe konstant r über die gesamte Laufzeit der Rente ist. So kann z. B. bei einer Rente vereinbart werden, daß bei jeder Zahlung die Höhe der Zahlung, ausgehend von r, jedesmal um etwa $p\%$ im Vergleich zur vorangegangenen angehoben wird. Falls die Rente zum Lebensunterhalt benutzt wird, würde dies einen Ausgleich zur erwarteten Inflation der Lebenshaltungskosten bedeuten. Wir setzen also hier voraus, daß die Ratenhöhe von der Zeit abhängt durch den funktionalen Zusammenhang

$$r_j = c^{j-1} \cdot r, \ 1 \leq j \leq n$$

Der Faktor c wird in der Praxis nahe bei 1 liegen, ähnlich wie der Aufzinsfaktor q. Wir erhalten hiermit

$$R_n^{(n)} = r \cdot q^{n-1} + r \cdot c \cdot q^{n-2} + \ldots + c^{n-1} \cdot r$$

$$= r \cdot c^{n-1} \cdot \left(\left(\frac{q}{c}\right)^{n-1} + \left(\frac{q}{c}\right)^{n-2} + \ldots + \left(\frac{q}{c}\right)^{0}\right)$$

$$= r \cdot c^{n-1} \cdot \left(\left(\frac{q}{c}\right)^{n} - 1\right) \Big/ \left(\frac{q}{c}\right) - 1$$

$$\text{falls} \quad c \neq q$$

Insgesamt erhalten wir damit

$$R_n^{(n)} = \begin{cases} r \cdot \dfrac{c^n - q^n}{c - q} & \text{falls} \quad c \neq q \\ r \cdot n \cdot q^{n-1} & \text{falls} \quad c = q \end{cases} \tag{4.13}$$

Daraus ermittelt sich die Formel für den Barwert der Rente als

$$R_0^{(n)} = R_n^{(n)} / q^n = \begin{cases} r \cdot \dfrac{\left(\dfrac{c}{q}\right)^n - 1}{c - q} & \text{falls} \quad c \neq q \\ r \cdot n / q & \text{falls} \quad c = q \end{cases} \tag{4.14}$$

Schließlich errechnen sich noch die entsprechenden Formeln für die vorschüssigen Ratenzahlungen als:

$$R_n^{(v)} = q \cdot R_n^{(n)} = \begin{cases} r \cdot q \cdot \dfrac{c^n - q^n}{c - q} & \text{falls} \quad c \neq q \\ r \cdot n \cdot q^n & \text{falls} \quad c = q \end{cases} \tag{4.15}$$

$$R_0^{(v)} = q \cdot R_0^{(n)} = \begin{cases} r \cdot q \cdot \dfrac{\left(\dfrac{c}{q}\right)^n - 1}{c - q} & \text{falls} \quad c \neq q \\ r \cdot n & \text{falls} \quad c = q \end{cases} \tag{4.16}$$

Der zweite Fall in Formel (4.16) besagt, daß bei $c = q$ die jeweilige prozentuale Zunahme der Rente gleich den anfallenden Jahreszinsen ist. Damit entspricht dann der Barwert der Rente gleich dem n-fachen der Ausgangszahlung.

Die Gleichungen (4.13) - (4.16) enthalten jetzt jeweils 5 Variable nämlich zusätzlich zu den bisherigen 4 noch die Größe c. Sind 4 davon bekannt, kann die fünfte aus den Formeln berechnet werden.

Aufgabe 4.21: Es wird der Betrag von 1000 auf einem Konto bei 6% Verzinsung angelegt. Dafür ist für 10 Jahre jeweils am Ende eines jeden Jahres eine Rate zurückzubezahlen, welche bei jeder Zahlung um 3% gegenüber der vorhergehenden ansteigt. Mit welchem Betrag beginnt die Rentenzahlung dann?

Lösung: Aus der Formel (4.14) ergibt sich durch Auflösen nach r der Ausdruck

$$r = R_0^{(n)} \cdot (c-q) \Big/ \left(\left(\frac{c}{q} \right)^n - 1 \right)$$

Mit Hilfe der vorliegenden Daten $R_0^{(n)} = 1000$, $c = 1.03$, $q = 1.06$ und $n = 10$ ergibt sich daraus der Zahlausdruck

$$r = 1000 \cdot (-0.03) \Big/ \left((1.03/1.06)^{10} - 1 \right)$$

der ausgewertet auf dem Taschenrechner den Wert 120.2095911 ergibt; also ist $r = 120.21$ anzusetzen. $\square$

Aufgabe 4.22: Bei einem vereinbarten Zinssatz von 5% werden jährlich am Ende eines jeden Jahres Raten auf ein Vermögenskonto einbezahlt. Beginnend mit der Ratenhöhe 80 sollen diese jeweils um 3% gegenüber der vorgehenden angehoben werden. Wie hoch ist nach Ablauf von 7 Jahren der Kontostand? Welchen Wert hat der Sparvertrag bei gleicher Laufzeit zu Beginn des Vertrages?

Lösung: Wir wenden zunächst die Formel (4.13) an mit den Daten $r = 80$, $c = 1.03$, $n = 7$ und $q = 1.05$. Dann erhalten wir den Zahlausdruck

$$R_7^{(n)} = 80 \cdot \left(1.03^7 - 1.05^7 \right) \Big/ (-0.02)$$

der ausgewertet auf einem Taschenrechner den Wert 708.9062289 oder die Lösung $R_7^{(n)} = 708.91$ ergibt.

Nun wenden wir Formel (4.14) mit denselben Daten an und erhalten dabei den Zahlausdruck

$$R_0^{(n)} = 80 \cdot \left((1.03/1.05)^7 - 1 \right) \Big/ (-0.02)$$

was mit dem Taschenrechner ausgewertet den Wert 503.8064214 oder $R_0^{(n)} = 503.81$ ergibt. $\square$

Aufgabe 4.23: Welcher Betrag muß am Anfang jeden Jahres auf ein Konto einbezahlt werden, damit bei einer Steigerungsrate von 3% der Raten und 6% Verzinsung des Kontos nach 10 Jahren 1000 auf dem Konto ist?

Lösung: Wir wenden hier Formel (4.15) an und lösen diese nach $r^{(v)}$ auf. Dies ergibt den Ausdruck

$$r^{(v)} = R_n^{(v)} \cdot (c-q)/(c^n - q^n)/q$$

oder mit den Daten $c = 1.03$, $q = 1.06$, $n = 10$ und $R_{10}^{(v)} = 1000$ den Zahlausdruck

$$r^{(v)} = 1000 \cdot (-0.02)/(1.03^{10} - 1.06^{10})/1.06$$

welcher auf dem Taschenrechner ausgewertet 42.21660869 oder $r^{(v)} = 42.22$ (die restlichen Raten ergeben sich dann aus der Formel $r_j^{(v)} = 1.03^{j-1} \cdot 42.22$). $\square$

Aufgabe 4.24: Ein Vermögenssparvertrag sieht vor, daß am Ende eines jeden Jahres ein sich um jedesmal um 3% steigernder Betrag, beginnend mit 57 einbezahlt wird. Die Vertragsdauer betrage 10 Jahre und es wird am Ende der Laufzeit die Summe von 825 zurückbezahlt. Was muß als Effektivzinssatz des Vertrages angegeben werden?

Lösung: Es ist die Gleichung (4.13) zu betrachten und diese hat mit den Daten $c = 1.03$, $r = 57$, $n = 10$ und $R_{10}^{(n)} = 825$ die Gestalt

$$825 = 57 \cdot (1.03^{10} - q^{10})/(1.03 - q)$$

Diese Gleichung ist nach q aufzulösen. Dies kann mit Hilfe des Gleichungslösers eines Taschenrechners durch folgende Tastendruckfolge geschehen:

$$[8] \ [2] \ [5] \ [ALPHA] \ [=] \ [5] \ [7] \ [\times] \ [(] \ [1] \ [.] \ [0] \ [3] \ [y^x] \ [1]$$

$$[0] \ [-] \ [ALPHA] \ [Q] \ [y^x] \ [1] \ [0] \ [)] \ [/] \ [(] \ [1] \ [.] \ [0] \ [3]$$

$$[-] \ [ALPHA] \ [Q] \ [)] \ [ENTER]$$

Nach Eingabe des Näherungswertes für q durch $[1]$ $[.]$ $[0]$ $[2]$ $[ENTER]$ und nach Drücken der Taste $[SOLVE]$ wird der Wert $Q = 1.053523211$ oder die Lösung $i = 0.0535$ angezeigt. $\square$

Aufgabe 4.25: Ein Rentenvertrag sieht vor, daß zu Beginn ein Betrag von 1000 auf ein Konto einbezahlt wird. Danach wird am Ende jeden Jahres über 10 Jahre ein sich jährlich um einen festen Prozentsatz steigernder Betrag beginnend mit

98 ausbezahlt. Es wird eine Effektivverzinsung von 5% festgelegt. Wie groß ist dabei die Steigerungsrate anzusetzen?

Lösung: Wir haben hier Gleichung (4.14) anzuwenden und diese sieht mit den Daten $q = 1.05$, $R_0^{(n)} = 1000$, $r = 98$ und $n = 10$ folgendermaßen aus:

$$1000 = 98 \cdot \left((c/1.05)^{10} - 1\right)\Big/(c - 1.05)$$

Diese Gleichung ist nunmehr nach c aufzulösen und dies ergibt - ähnlich wie in Aufgabe 4.23 - mit dem Gleichungslöser eines Taschenrechners den Wert $c = 1.065998939$ oder $c = 1.066$. $\square$

4.5 Jährliche, linear veränderliche Raten bei jährlicher Verzinsung

Ähnlich wie im vorangegangenen Abschnitt 4.4 nehmen wir hier wiederum an, daß die Ratenhöhe r nicht konstant ist, sondern sich von Rate zu Rate um einen konstanten Betrag ändert. Der Zuwachs ist also mathematisch gesehen gegenüber der ersten Rate linear in der Zeit. Es kann wiederum als Inflationsausgleich bei einer Rente zum Lebensunterhalt gedacht werden oder bei einem Vermögensbildungskonto als erwartete höhere Sparfähigkeit.

Wir setzen hier also voraus, daß die Ratenhöhe von der Zeit abhängt durch die Formel

$$r_j = r + (j-1) \cdot d, \; 1 \leq j \leq n$$

Da dieser formelmäßige Zusammenhang nicht so plausibel erklärbar ist wie die prozentuale Änderung in Abschnitt 4.4 und außerdem die daraus resultierenden Formeln nicht mehr so einfach herleitbar sind (da die lineare Veränderung nicht zum Charakter der geometrischen Reihe paßt), wird er in der Literatur nicht ausführlich behandelt. Bei der Herleitung der Formeln für den End- bzw. Barwert werden dann auch Formeln angewendet, die ähnlich wie in Aufgabe 1.15 hergeleitet werden können. Es handelt sich nicht mehr um eine bloße Anwendung der Summenformeln der geometrischen Reihe.

Wir geben hier aus diesem Grunde nur die fertigen Ergebnisse an und verweisen bezüglich der Herleitung auf die Literatur.

Für den Endwert einer derartigen Rente ergibt sich die Summe

$$R_n^{(n)} = r \cdot q^{n-1} + (r+d) \cdot q^{n-2} + (r+2d) \cdot q^{n-3} + \ldots + (r + (n-1) \cdot d)$$

oder nach entsprechender Rechnung

$$R_n^{(n)} = r \cdot \frac{q^n - 1}{q - 1} + \frac{d}{i} \cdot \left(\frac{q^n - 1}{q - 1} - n \right) \tag{4.17}$$

und dann für den vorschüssigen Fall

$$R_n^{(v)} = q \cdot R_n^{(n)} = r \cdot q \cdot \frac{q^n - 1}{q - 1} + \frac{d}{i} \cdot q \cdot \left(\frac{q^n - 1}{q - 1} - n \right) \tag{4.18}$$

Die Barwerte berechnen sich dann, wie üblich, aus diesen eben angegebenen Formeln als

$$R_0^{(n)} = R_n^{(n)} \cdot (1/q^n) = r \cdot \frac{1 - q^{-n}}{q - 1} + \frac{d}{i} \cdot \left(\frac{1 - q^{-n}}{q - 1} - n/q^n \right) \tag{4.19}$$

und im vorschüssigen Fall schließlich als

$$R_0^{(v)} = q \cdot R_0^{(n)} = r \cdot \frac{q - q^{-(n-1)}}{q - 1} + \frac{d}{i} \cdot \left(\frac{q - q^{-(n-1)}}{q - 1} - n/q^{n-1} \right) \tag{4.20}$$

Die Gleichungen (4.17) - (4.20) enthalten wiederum jeweils 5 Variable. Wenn vier davon bekannt sind, dann kann aus den Gleichungen die jeweils fünfte daraus berechnet werden.

Aufgabe 4.26: Es wird ein Betrag von 1000 auf ein Konto bei 6% Verzinsung angelegt. Dafür ist für 10 Jahre jeweils am Ende eines jeden Jahres eine Rate zurückzubezahlen, welche bei jeder jährlichen Zahlung um 5 gegenüber der vorhergehenden ansteigt. Mit welchem Betrag beginnt die Rentenzahlung?

Lösung: Aus Formel (4.19) ergibt sich durch Auflösen nach r der folgende Ausdruck

$$r = R_0^{(n)} \cdot \frac{q - 1}{1 - q^{-n}} - \frac{d}{i} \cdot \left(1 - n \cdot \frac{q - 1}{q^n - 1} \right)$$

Bei den vorliegenden Daten $R_0^{(10)} = 1000$, $d = 5$, $n = 10$ und $q = 1.06$ ergibt sich dabei der Zahlausdruck

$$r = 1000 \cdot 0.06 / \left(1 - 1.06^{-10}\right) - (5/0.06) \cdot \left(1 - 10 \cdot 0.06 / (1.06^{10} - 1)\right)$$

der ausgewertet mit Hilfe eines Taschenrechners das Ergebnis $r = 115{,}76$ ergibt. $\square$

Aufgabe 4.27: Es werden jährlich am Ende eines Jahres Raten auf ein Vermögenskonto einbezahlt. Die erste Rate ist mit 80 festgesetzt und alle weiteren Raten steigen jeweils um 5 gegenüber der vorhergehenden. Der Zinssatz ist mit 5% vereinbart bei 7 Jahren Laufzeit. Wie hoch ist nach Ablauf des Vertrages der Kontostand? Welchen Wert hat der Sparvertrag bei gleicher Laufzeit zu Beginn des Vertrages?

Lösung: Wir wenden Formel (4.17) an und erhalten dabei mit den Daten $r = 80$, $d = 5$, $n = 7$ und $q = 1.05$ den Zahlausdruck

$$R_7^{(n)} = 80 \cdot \left((1.05^7 - 1)/0.05\right) + (80/0.05) \cdot \left((1.05^7 - 1)/0.05 - 7\right)$$

Dieser ergibt ausgewertet auf einem Taschenrechner den Wert

$$R_7^{(n)} = 765.5615215 \quad \text{oder die Lösung} \quad R_7^{(n)} = 765.56. \; \square$$

Aufgabe 4.28: Wie hoch ist der Betrag zu wählen, der zu Beginn eines Vermögenssparvertrages einbezahlt werden muß, damit bei Leistung von jährlichen vorschüssigen Raten mit einer Steigerung von 2 über 10 Jahre bei einer Verzinsung von 6% sich ein Kapital von 1000 angesammelt hat?

Lösung: Wir lösen zunächst Formel (4.18) nach $r^{(v)}$ auf. Dies ergibt den Ausdruck

$$r^{(v)} = R_n^{(v)} \bigg/ \left(q \cdot \frac{q^n - 1}{q - 1} \right) - \frac{d}{i} \cdot \left(1 - n \cdot (q - 1)/(q^n - 1)\right)$$

Mit den Daten der Aufgabe $R_{10}^{(v)} = 1000$, $q = 1.06$, $d = 2$ und $n = 10$ erhalten wir daraus den Zahlausdruck

$$r = 1000 \bigg/ \left(1.06 \cdot (1.06^{10} - 1)/0.06\right) - (2/0.06) \cdot \left(1 - 10 \cdot 0.06 / (1.06^{10} - 1)\right)$$

(Dieser ergibt ausgewertet auf einem Taschenrechner den Wert

$$r = 63.52953157 \quad \text{oder die Lösung} \quad r = 63.53. \; \square$$

Aufgabe 4.29: Bei einem Vermögenssparvertrag sollen am Ende eines jeden Jahres ein sich jeweils um 3 steigernder Betrag, beginnend mit 60, einbezahlt werden. Nach der Vertragsdauer von 10 Jahren wird die Summe von 825 ausbezahlt. Was muß als Effektivzinssatz des Vertrages angegeben werden?

Lösung: Wir betrachten die Gleichung (4.17), welche mit den Daten des Vertrages die Gestalt $R_{10}^{(n)} = 825$, $r = 60$, $d = 3$ und $n = 10$ die folgende Gestalt annimmt:

$$825 = 60 \cdot (q^{10} - 1)/(q - 1) + (3/(q - 1)) \cdot ((q^{10} - 1)/(q - 1) - 10)$$

Diese Gleichung muß nach q aufgelöst werden. Dies kann mit Hilfe des Gleichungslösers eines Taschenrechners durch folgende Tastendruckfolge geschehen:

[8] [2] [5] [*ALPHA*] [=] [6] [0] [×] [(] [*ALPHA*] [Q] [y^x] [1]

[0] [−] [1] [)] [/] [(] [*ALPHA*] [Q] [−] [1] [)] [+] [3] [/]

[(] [*ALPHA*] [Q] [−] [1] [)] [×] [(] [(] [*ALPHA*] [Q] [y^x]

[1] [0] [−] [1] [)] [/] [(] [*ALPHA*] [Q] [−] [1] [)] [−] [1]

[0] [)] [*ENTER*]

Nach Eingabe des Näherungswertes für q durch [1] [.] [0] [5] und durch Drücken der Taste [*SOLVE*] wird der Wert $Q = 1.027398218$ oder die Lösung $i = 0.027$ angezeigt. $\square$

Aufgabe 4.30: Ein Rentenvertrag vereinbart, daß zu Beginn des Vertrages ein Betrag von 1000 auf ein Konto einbezahlt wird. Danach wird am Ende jeden Jahres über 10 Jahre eine sich jährlich um einen festen Betrag steigende Rate, beginnend mit 98, ausbezahlt. Es wird ein Effektivzinssatz von 5% vereinbart. Wie groß ist die jährliche Steigerung der Raten anzusetzen?

Lösung: Hier ist Gleichung (4.19) anzuwenden. Diese liefert mit den Daten des Vertrages $R_0^{(v)} = 1000$, $q = 1.05$, $r = 98$ und $n = 10$ dann die konkrete Gleichung

$$1000 = 98 \cdot (1 - 1.05^{-10})/0.05 + d/0.05((1 - 1.05^{-10})/0.05 - 10/1.05^{10})$$

welche sich leicht nach d auflösen läßt. Dabei erhält man den Zahlausdruck

$$d = \left(1000 - 98 \cdot \left(1 - 1.05^{-10}\right)/0.05\right) \cdot 0.05 / \left(\left(1 - 1.05^{-10}\right)/0.05 - 10/1.05^{10}\right)$$

Dieser ergibt auf einem Taschenrechner ausgewertet den Wert für d von 7.685757898 oder die Lösung $d = 7.69$. $\square$

4.6 Ewige Renten

Wenn bei einer Rente für die Dauer (Laufzeit) keine Vereinbarung getroffen wurde, also die Ratenzahlungen nie enden, dann spricht man von einer ewigen Rente. Sie entspricht in unseren Formeln dem Grenzfall $n \to \infty$. Bei einer ewigen Rente wächst im allgemeinen der Endwert über alle Grenzen an und steht auch zu keinem endlichen Zeitpunkt zur Verfügung, er interessiert deshalb auch nicht. Wir betrachten also hier nur den Barwert R_0 oder allenfalls noch die Ratenhöhe r.

Sofern der Barwert einer ewigen Rente endlich ist, ergibt er sich aus den entsprechenden Formeln der vorangegangenen Abschnitte durch Grenzübergang bei $n \to +\infty$.

Jährliche konstante Raten (Abschnitt 4.2):

$$R_0^{(n)} = r/i, \ R_0^{(v)} = r \cdot (i+1)/i \tag{4.21}$$

Unterjährige, konstante Raten bei jährlicher Verzinsung (Abschnitt 4.3):

$$
\begin{aligned}
R_0^{(n)} &= \left(r \cdot z + i \cdot (z-1)/2\right) \cdot i \\
R_0^{(v)} &= r \cdot \left(z + i \cdot (z-1)/2\right)/i
\end{aligned}
\tag{4.22}
$$

Jährliche, geometrisch veränderliche Raten (Abschnitt 4.4):

$$\text{Im Falle } c/q < 1 \text{ ergibt sich } R_0^{(n)} = r/(1+i-c),$$

$$\tag{4.23}$$

$$\text{und entsprechend } R_0^{(v)} = r \cdot (1+i)/(1+i-c)$$

Jährliche, linear veränderliche Raten (Abschnitt 4.5):

$$R_0^{(n)} = r/i + d/i^2 , \quad R_0^{(v)} = r \cdot \frac{1+i}{0} + d \cdot (1+i)/i^2 , \quad (i > 0) \tag{4.24}$$

Aufgabe 4.31: Es wird ein Betrag von 100 000 auf ein Vermögenskonto einbezahlt bei 6% vereinbarter Verzinsung. In welcher Höhe kann eine ewige jährliche Rente beginnen, welche zu Beginn eines jeden Jahres fällig wird und eine Steigerungsrate von 2% von Jahr zu Jahr aufweist?

Lösung: Aus der Formel (4.23) zweiter Teil errechnet sich die Höhe der ersten Rate r durch den Ausdruck

$$r = R_0^{(v)} (1 + i - c)/(1 + i)$$

Mit den Daten des Vertrages $R_0^{(v)} = 100\,000$, $i = 0.06$ und $c = 1.02$ ergibt dies den Zahlausdruck

$$r = 100\,000 \cdot (1.06 - 1.02)/1.06$$

Auf dem Taschenrechner berechnet man damit die Lösung $r = 3773.58$. $\square$

§ 5 Annuitäten

5.1 Definition von Annuitäten

Annuitäten sind periodische Zahlungen, die dazu dienen einen Kredit über einen bestimmten Zeitraum mit Zinszahlungen und Tilgungen zu bedienen. Nach Ablauf der Laufzeit muß der Kredit dadurch getilgt worden sein. Eine Annuitätenrate enthält also einen Zinsanteil und einen Tilgungsanteil. Die Annuität wird mit einem festen Zinssatz mit Zinseszinsen verzinst und deshalb nimmt der Zinsanteil der Raten monoton ab und der Tilgungsteil entsprechend monoton zu. Annuitäten sind also - ähnlich wie Renten in § 4 - spezielle Zahlungsströme. Ebenso wie die Renten, werden sie anhand verschiedener Merkmale unterschiedlich eingeordnet:

i)   Unterscheidung nach der Laufzeit.

-        Annuitäten mit fester Laufzeit

-        Annuitäten mit unbegrenzter Laufzeit (bei denen nicht getilgt wird)

ii)   Unterscheidung nach dem Zeitpunkt der Zahlungen

-        nachschüssige (sogenannte gewöhnliche) Annuitäten (mit Zahlungen jeweils am Ende des Ratenzahlungsintervalles)

-        vorschüssige Annuitäten (mit Ratenzahlungen jeweils am Beginn eines Ratenzahlungsintervalles)

-        aufgeschobene Annuitäten (mit nachschüssigen, aber verzögert einsetzenden Ratenzahlungen)

iii)   Unterscheidung nach der Länge des Zeitintervalles und des Zinsberechnungsintervalles

-        einfache Annuitäten (Zahlungsintervalle und Zinsberechnungsintervalle stimmen überein - vergleiche US-Methode in Abschnitt 3.2)

-        allgemeine Annuitäten (Zahlungsintervalle und Zinsberechnungsintervalle sind verschieden - vergleiche PAngV-Methode in Abschnitt 3.4)

üblicherweise bezeichnet eine Annuität eine gewöhnliche Annuität mit fester Laufzeit.

Zunächst wollen wir den jährlichen, einfachen Annuitäten mit fester Laufzeit beginnen und danach einige andere Typen als Modifikation davon behandeln.

5.2 Jährliche, einfache Annuität mit festen Raten

Wir führen folgende Bezeichnungen bei der formelmäßigen Behandlung von Annuitäten ein:

S Schuld, d. h. der ursprüngliche Darlehensbetrag

A Höhe der (jährlichen) Rate

i angewendeter Zinssatz (in Dezimalschreibweise)

n Anzahl der (ganzen) Jahre Laufzeit

Eine Annuität wird also - wie eine Rente - durch vier Größen bestimmt. Mit deren Hilfe kann - analog wie bei Renten - eine Gleichung aufgestellt werden, die hier folgendermaßen lautet:

$$S \cdot q^n = \sum_{v=0}^{n-1} A \cdot q^{n-1-v} = A \cdot \sum_{v=0}^{n-1} q^v$$

Bei Anwendung der Summenformel für die geometrische Reihe (1.5) nimmt dies die einfachere Gestalt

$$S \cdot q^n = A \cdot \frac{q^n - 1}{q - 1} \tag{5.1}$$

an. Sind drei der vier Variablen dem Wert nach bekannt, so kann mit Hilfe dieser Formel wiederum die vierte berechnet werden durch Auflösen der Gleichung (5.1) nach dieser Unbekannten. Wir erhalten dann der Reihe nach

$$A = S \cdot q^n \cdot \frac{i}{q^n - 1} \tag{5.2}$$

Die Größe $q^n \cdot i / q^n - 1$ heißt dabei der Annuitätenfaktor. Er ist in älteren Werken tabelliert angegeben; im Zeitalter der elektronischen (Taschen-)Rechner ist er jedoch allenfalls mit wenigen Tastendrucken auf 10 oder mehr Stellen genau zu ermitteln.

Falls die Laufzeit unbegrenzt wird, d. h. falls also $n \to \infty$ strebt, dann folgt wegen $q > 1$, daß der Annuitätenfaktor wegen

$$\frac{q^n \cdot i}{q^n - 1} = i / (1 - 1/q^n)$$

offensichtlich gegen i. Bei Annuitäten mit unbegrenzter Laufzeit ergibt sich also die Annuitätenrate als $A = S \cdot i$, da nur Zinszahlungen erfolgen und keine Tilgungen geleistet werden.

Sind die Schuld S, der Zinssatz i und die Ratenhöhe A gegeben, dann kann die Länge der Laufzeit n durch

$$n = \frac{\ln\left(\dfrac{A}{A - S \cdot i}\right)}{\ln q} = \frac{\ln A - \ln(A - S \cdot i)}{\ln q} \tag{5.3}$$

berechnet werden. Hierbei muß $A > S \cdot i$ angenommen werden, damit überhaupt Tilgungen erfolgen und die Laufzeit damit endlich wird.

Der letzte - und etwas kompliziertere Fall - ist gegeben, wenn die Werte von S, A und n vorgegeben sind und der (Effektiv-)Zinssatz i bestimmt werden muß. Dies führt über die Gleichung (5.1) wiederum auf eine Polynomgleichung

$$S \cdot q^n - A \cdot q^{n-1} - A \cdot q^{n-2} - \ldots - A = 0$$

welche auch eine einzige positive Nullstelle besitzt, die den Effektivzinssatz bestimmt.

Es lassen sich üblicherweise noch mehrere, abgeleitete Größen zu einer Annuität berechnen und Formeln dafür angeben. So interessiert oftmals die sogenannte Restschuld R_r, wobei $n = s + r$ gesetzt wird und die man als Summe der Barwerte zum Zeitpunkt r der restlichen ausstehenden s Annuitätenraten definieren kann. Wir erhalten dabei die Formel

$$R_r = \sum_{v=1}^{n-r} A \cdot (1/q^v) = A \cdot (1/q^{n-v}) \cdot \frac{q^{n-r} - 1}{q - 1}$$

Setzen wir darin die Formel (5.2) für die Annuitätenrate A ein, dann ergibt sich insgesamt

$$R_r = S \cdot \frac{q^n - q^r}{q^n - 1} \tag{5.4}$$

Dieser Ausdruck für R_r fällt mit wachsendem r offensichtlich monoton bis auf 0 ab.

Weitere Größen von praktischem Interesse sind z. B. die Tilgungsrate T_r, in der r-ten Periode. Sie gibt an, welcher Betrag von der Rate A zu diesem Zeitpunkt als Tilgung angerechnet wird. Sie kann berechnet werden als die Annuität A vermindert um die Zinsen, welche auf die Restschuld zum Zeitpunkt $(r-1)$ zu zahlen sind. Es ist also

$$T_r = A - R_{r-1} \cdot i$$

oder mit den Formeln (5.2) und (5.4) darin eingesetzt

$$T_r = S \cdot q^n \cdot \frac{q-1}{q^n-1} - S \cdot \frac{q^n - q^{r-1}}{q^n-1} \cdot i$$

Insgesamt ergibt dies die Formel

$$T_r = S \cdot i \cdot \frac{q^{r-1}}{q^n-1}, \quad (T_0 = 0) \tag{5.5}$$

Es ist aus der Formel (5.5) ersichtlich, daß die Tilgungsrate streng monoton mit r zunimmt.

Entsprechend definiert man die Zinsrate Z_r, das sind die Zinsen, welche in der r-ten Ratenperiode zu zahlen sind. Diese tauchten in der obigen Herleitung bereits auf und ergeben sich als

$$Z_r = S \cdot i \cdot \frac{q^n - q^{r-1}}{q^n-1} \quad (Z_0 = S \cdot i) \tag{5.6}$$

Aufgabe 5.1: Ein Kredit von 1000 werde mit 7% jährlich verzinst und als Annuität nach 5 Jahren zurückbezahlt. Man berechne die Höhe der zu leistenden Rate sowie den Verlauf von Restschuld und Tilgungsraten.

Lösung: Aus der Formel (5.2) ergibt sich mit Hilfe eines Taschenrechners $A = 243.89$ und aus den Formeln (5.4) bzw. (5.5) die entsprechenden Werte von R_r und T_r, die in der folgenden Tabelle wiedergegeben sind:

r	0	1	2	3	4	5
R_r	1000	826.11	640.05	440.96	227.94	0
T_r	0	173.89	186.06	199.09	213.02	227.94

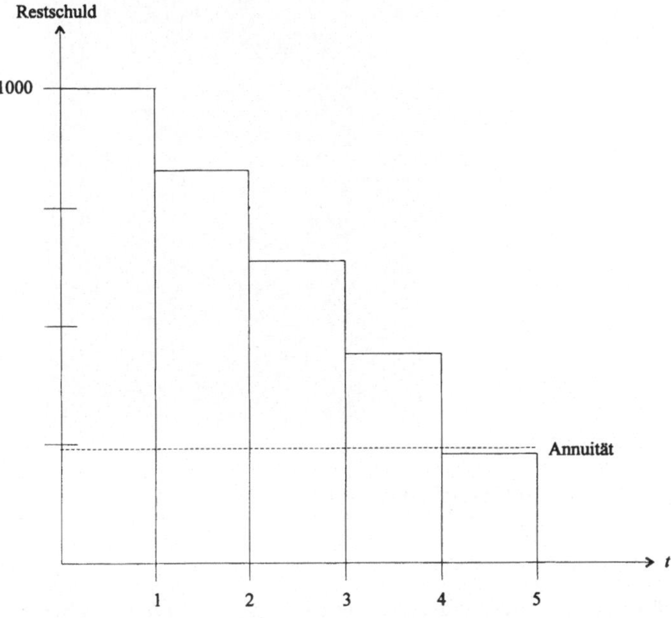

Abb. 5.1: Annuität mit festen Raten, $i = 0{,}07$; Verlauf der Restschuld $(S = 1000, i = 0{,}07)$

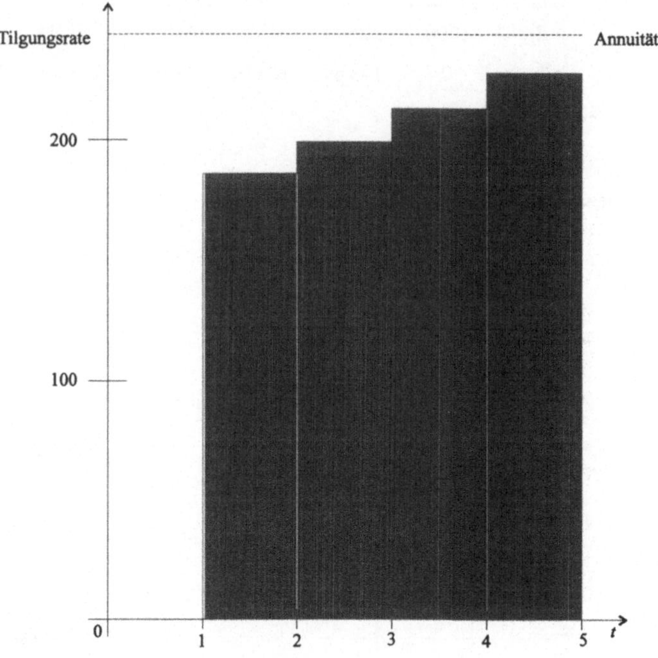

Abb. 5.2: Verlauf der Tilgungsrate
$(S = 1000, n = 5, i = 0{,}07)$

Aufgabe 5.2: Ein Kredit in Höhe von 1000 werde mit jährlichen Raten von 250 zurückbezahlt. Die Verzinsung des Kredites wurde mit 6% vereinbart. Wie lange muß der Kredit bedient werden?

Lösung: Nach Formel (5.3) ergibt sich bei unseren Daten der Zahlausdruck

$$(\ln 250 - \ln(250 - 1000 \cdot 0.06))/\ln 1.06 = (\ln 250 - \ln 190)/\ln 1.06$$

Durch Anwendung der folgenden Tastendruckfolge kann dieser auf einem Taschenrechner ausgewertet werden:

$$[\ln]\ [2]\ [5]\ [0]\ [ENTER]\ [-]\ [\ln]\ [1]\ [9]\ [0]\ [ENTER]\ [/]$$

$$[\ln]\ [1]\ [.]\ [0]\ [6]\ [ENTER]$$

Es wird der Wert 4.709833332 auf dem Display angezeigt, was einer Laufzeit von etwa 5 Jahren entspricht. $\square$

Aufgabe 5.3: Ein Kreditnehmer ist bereit für 7 Jahre jedes Jahr eine Ratenzahlung von jährlich nachschüssig 100 aufzubringen um eine Annuitätenschuld abzutragen. Als Zinssatz wird ihm 7.25% gewährt. Wie hoch kann das Darlehen gewählt werden?

Lösung: Wir lösen dazu Formel (5.1) nach der Schuld S auf und erhalten dafür den Ausdruck

$$S = \left(A/q^n\right) \cdot \frac{q^n - 1}{q - 1}$$

Speziell in unserem Fall setzen wir darin die Daten $A = 100$, $q = 1.0725$ und $n = 7$ ein. Dann ergibt sich dabei der Zahlausdruck

$$S = \cdot 100 \cdot \left(1 - 1/1.0725^7\right)/0.0725$$

der ausgewertet auf einem Taschenrechner den Wert 534.2632998 oder $S = 534.26$ ergibt. $\square$

Aufgabe 5.4: Ein Bankkunde möchte ein Annuitätendarlehen aufnehmen, dessen Zinssatz mit 7% angegeben ist. Wie hoch kann er das Darlehen wählen, damit er nie mehr als 100 an Zinsanteil an der nachschüssigen Jahresrate aufbringen muß.

Lösung: Wir betrachten dazu die Formel für die Zinsrate (5.6) die in r streng monoton abnimmt. Sie beginnt mit $S \cdot i$. Damit $100 = S \cdot i$ gilt, muß dann $S = 100/i$ oder hier $S = 100/0.07$ sein. Es ergibt sich der Wert 1428.571429 oder $S = 1428.57$. $\square$

Aufgabe 5.5: Eine Annuität betrage 1000 über 10 Jahre. Es werde eine jährlich nachschüssige Rate von 145 vereinbart. Wie hoch muß der Effektivzinssatz der Annuität angegeben werden?

Lösung: Wir betrachten dazu Gleichung (5.2) mit den Daten $S = 1000$, $n = 10$ und $A = 145$. Diese Gleichung nimmt dann die Gestalt an

$$1000 = 145 \cdot \left(1 - 1/q^{10}\right)/(q - 1)$$

Diese Gleichung ist nach q aufzulösen. Dies kann mit Hilfe des Gleichungslösers eines Taschenrechners durch folgende Tastendruckfolge geschehen:

$$[1]\ [0]\ [0]\ [0]\ [ALPHA]\ [=]\ [1]\ [4]\ [5]\ [\times]\ [(]\ [1]\ [-]\ [1]\ [/]$$

$$[ALPHA]\ [Q]\ [y^x]\ [1]\ [0]\ [)]\ [/]\ [(]\ [ALPHA]\ [Q]\ [-]\ [1]$$

$$[)]\ [ENTER]$$

Nach Eingabe des Näherungswertes nur für q durch $[1]\ [.]\ [0]\ [2]\ [ENTER]$
und nach Drücken der Taste $[SOLVE]$ wird der Wert $Q = 1.073967736$ oder
$i = 0.0740$ ausgerechnet. $\square$

Aufgabe 5.6: Für eine jährliche, einfache Annuität beweise man für den Effektivzinssatz i^*, wenn S, A und n gegeben sind die folgenden Schranken:

$$\max\{1, a\} < q^* < a + 1, \quad a = A/S$$

Lösung: Wir haben dazu das Polynom in Gleichung (5.1) auf folgende Weise zu
schreiben

$$p(q) = q^n - a\sum_{\nu=0}^{n-1} q$$

Da $p(a) = -\sum_{\nu=1}^{n-1} a$ und $p(1) = 1 - n \cdot a$ gelten, ist also $p(a) < 0$ und für unsere Annuitäten auch $p(1) < 0$. Somit ist die Unterschranke bewiesen.

Bilden wir nun $p(a + 1) = (a+1)^n - a \cdot \big((a+1)^n - 1\big)/a = 1$, so folgt, daß stets
$p(a + 1) > 0$ ist. Da nach der DESCARTESschen Vorzeichenregel nur eine positive
Wurzel existiert, ist die Oberschranke bewiesen. $\square$

Aufgabe 5.7: Man beweise für die Aufgabe 5.6 die verbesserte Unterschranke

$$q^* > \frac{n}{n+1} \cdot (a+1)$$

Lösung: Dazu betrachte wir das neue, aus p gebildete Polynom

$$g(p) = (q-1)p(q) = q^{n+1} - (a+1)q^n + a$$

Dieses Polynom g hat dieselben Nullstellen wie p und zusätzlich noch die Nullstelle $q = 1$. Die Ableitung von g ist

$$g'(q) = q^{n-1}((n+1)q - n(a+1))$$

und hat nur die eine positive Nullstelle $q_0 = n/n+1 \cdot (a+1)$. Damit hat das Polynom g und damit p nur einfache Nullstellen. q_0 liegt links von der Nullstelle q^* und somit ist die untere Schranke bewiesen. Da wegen $n \cdot a > 1$ auch stets $q_0 > 1$ gilt, kann das Maximum in der Formel weggelassen werden. $\square$

5.3 Aufgeschobene, jährliche einfache Annuitäten mit festen Raten

Mit den Bezeichungen des vorangegangenen Abschnittes 5.2 wollen wir den Fall betrachten, daß die Ratenzahlungen in Höhe von A zeitlich versetzt in Bezug auf den Beginn der Annuität einsetzen. Dabei nehmen wir an, daß die ersten

$$k < n \quad \text{Zeiträume}$$

zahlungsfrei sind und danach also die regelmäßigen Zahlungen (zu Beginn des $k+1$-ten Zeitraumes) einsetzen. Um die vollständige Rückzahlung des Annuitätendarlehens am Ende der Laufzeit zu gewährleisten, müssen hier also die Raten A höher ausfallen als in Abschnitt 5.2 angegeben. Analog zu Abschnitt 5.2 ergibt sich formelmäßig hier nun

$$S \cdot q^n = \sum_{v=k}^{n-1} A \cdot q^{n-v-1} = A \cdot \sum_{v=0}^{n-k-1} q^v = A \cdot \frac{q^{n-k}-1}{q-1}$$

und damit die erste Formel

$$A = S \cdot q^n \cdot \frac{i}{q^{n-k}-1} \tag{5.7}$$

Daraus berechnet sich völlig analog wie in Abschnitt 5.2 die Laufzeit als

$$n = \frac{\ln A - \ln(A \cdot q^{-k} - S \cdot i)}{\ln q} \tag{5.8}$$

Die nötige Annahme, daß $A \cdot q^{-k} > S \cdot i$ gelten muß, besagt nichts weiter, als daß der zum Zeitpunkt k diskontierte Wert von A größer sein muß als der anfallende Jahreszins auf die Gesamtschuld damit noch eine Tilgung der Schuld erfolgen kann und die Laufzeit endlich bleibt.

Sind S, A und n sowie k gegeben, dann hat man die Gleichung

$$S \cdot q^n - A \sum_{v=0}^{n-k-1} q^v = 0$$

wiederum nach der (eindeutigen) positiven Nullstelle q^* aufzulösen um den Effektivzinssatz i^* zu erhalten.

Die Berechnung der Formel für die Restschuld kann einfach folgendermaßen vorgenommen werden: Für $r < k$ wächst die Restschuld monoton an, da keine Zahlungen und damit keine Tilgungen vorgenommen werden. Es gilt dann einfach die Verzinsungsformel

$$R_r = S \cdot q^r, \quad r < k$$

Im übrigen können wir die Formeln aus Abschnitt 5.2 verwenden, wir müssen lediglich bei dem Einsetzen des Ausdruckes für A jetzt die neue Formel (5.7) verwenden. Dies ergibt insgesamt

$$R_r = S \cdot \frac{q^n - q^r}{q^{n-k} - 1} \quad \text{für} \quad r \geq k \quad \text{und} \quad R_r = S \cdot q^r \quad \text{für} \quad r < k \qquad (5.9)$$

Setzen wir im ersten Fall der Formel (5.9) $k = r$, dann erhalten wir wegen

$$S \cdot \frac{q^n - q^r}{q^{n-r-1}} = S \cdot q^r$$

also genau den Wert des zweiten Falles für $r = k$. Beide Teilformeln ergeben also für $r = k$ denselben Wert.

Ebenso einfach lassen sich die restlichen Formeln für diesen Fall herleiten. Für die Tilgungsrate ergibt sich

$$T_r = A - R_{r-1} \cdot i = S \cdot q^n \cdot \frac{i}{q^{n-k} - 1} - S \cdot q^{r-1} \cdot \frac{q^{n-r+1} - 1}{q^{n-k} - 1}$$

falls $r > k$ ist und sonst gilt aufgrund der ausbleibenden Zahlungen $T_r = 0$.

$$T_r = S \cdot i \cdot \frac{q^{r-1}}{q^{n-k} - 1} \quad \text{für} \quad r > k \quad \text{und} \quad T_r = 0 \quad \text{für} \quad r \leq k \qquad (5.10)$$

Schließlich sei noch die Zinsrate angegeben mit

$$Z_r = S \cdot i \cdot \frac{q^n - q^{r-1}}{q^{n-k} - 1} \quad \text{für} \quad r > k \quad \text{und} \quad Z_r = 0 \quad \text{für} \quad r \leq k \qquad (5.11)$$

Aufgabe 5.8: Ein Bankkunde nimmt ein Annuitätendarlehen zu 7% Verzinsung in der Höhe 1000 auf. Nach einem zahlungsfreien Jahr beginnt er mit den restlichen 4 nachschüssigen Jahresraten. Wie hoch ist die anfängliche Annuitätenrate A und wie ist der Verlauf von Restschuld und Tilgungsrate?

Lösung: Wir berechnen zunächst mit den Daten $n = 5$, $S = 1000$, $i = 0.07$ und $k = 1$ aus der Formel (5.7) den Wert von A aus dem Zahlausdruck

$$A = 1000 \cdot 1.07^5 \cdot 0.07 / \left(1.07^4 - 1\right)$$

mit Hilfe eines Taschenrechners als $A = 315.89$.

Sodann verwenden wir die Formeln (5.9) und (5.10) zur Berechnung der jeweiligen Werte von R_r bzw. T_r, wobei die Rechnungen erst mit $r = 2$ beginnen. Die Ergebnisse sind in der folgenden Tabelle wiedergegeben.

r	0	1	2	3	4	5
R_r	1000	1070	829.01	571.14	295.23	0
T_r	0	0	240.99	257.86	275.91	295.23

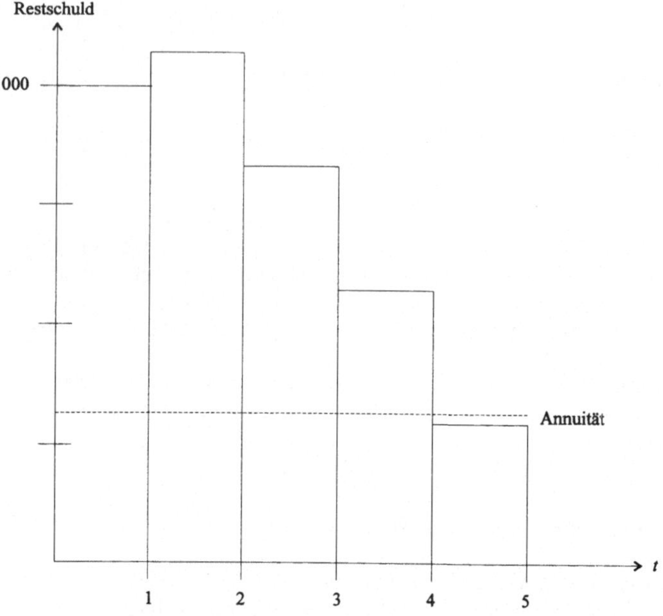

Abb. 5.3: Aufgeschobene Annuität: Verlauf der Restschuld

$$(S = 1000, i = 0{,}07)$$

Aufgabe 5.9: Ein Bankkunde will ein Annuitätendarlehen von einer Bank zu 7% Verzinsung aufnehmen. Die Höhe des Darlehens betrage 1000, die Laufzeit ist mit 5 Jahren festgesetzt. Der Kunde kann nachschüssige Jahresraten bis 350 bezahlen. Wieviel zahlungsfreie Jahre können ihm damit eingeräumt werden und wie hoch ist die Jahresrate dann wirklich anzusetzen?

Lösung: Wir leiten zunächst aus Formel (5.7) einen Ausdruck zur Berechnung der unbekannten Zahl k her. Dies geschieht wie folgt:

$$A = S \cdot i / \left(q^{-k} - 1/q^{n} \right)$$

$$A \cdot \left(q^{-k} - q^{-n} \right) = S \cdot i$$

$$A \cdot q^{-k} = S \cdot i + A \cdot q^{-n}$$

$$(-k) \cdot \ln q = \ln(S \cdot i + A \cdot q^{-n}) - \ln A$$

oder schließlich

$$k = \frac{\ln A - \ln(S \cdot i + A \cdot q^{-n})}{\ln q}$$

Mit unseren Daten $n = 5$, $S = 1000$, $i = 0.07$ und $A = 350$ erhalten wir damit den Zahlausdruck

$$k = \ln 350 - \ln(70 - 350/1.07^5)/\ln 1.07$$

Dieser ergibt ausgewertet auf einem Taschenrechner dann den Wert für k von 1.345.... Also kann unter den gegebenen Bedingungen nur ein zahlungsfreies Jahr eingeräumt werden. Da die Bedingungen für n, i und S denen in Aufgabe 5.9 gleichen, ergibt sich damit die gleiche Höhe der Raten zu $A = 315.89$ wie dort berechnet. $\square$

Aufgabe 5.10: Ein Kunde nimmt ein Annuitätendarlehen über 1000 auf bei 7 Jahren Laufzeit und festen, nachschüssigen Jahresraten zu 200. Ein Jahr bleibt zahlungsfrei. Was muß als Effektivzinssatz im Vertrag angegeben werden?

Lösung: Wir verwenden Gleichung (5.7) und setzen die Daten des Vertrages ein: $n = 7$, $k = 1$, $S = 1000$ und $A = 200$. Dann erhalten wir die Gleichung

$$200 = 1000 \cdot q \cdot (q-1)/(q - 1/q^7)$$

welche nach q aufzulösen ist.

Mit Hilfe des Gleichungslösers eines Taschenrechners kann unter Anwendung der Tastendruckfolge

[2] [0] [0] [ALPHA] [=] [1] [0] [0] [0] [×] [ALPHA] [Q] [×]

[(] [ALPHA] [Q] [−] [1] [)] [/] [(] [1] [−] [1] [/] [ALPHA]

[Q] [y^x] [7] [)] [ENTER]

und nach Eingabe des Näherungswertes für q durch [1] [.] [0] [2] [ENTER] sowie anschließendem Drücken der Taste [SOLVE] der Wert $Q = 1.071657431$ oder $i = 0.0717$ berechnet. $\square$

Aufgabe 5.11: Ein Kreditnehmer kann für 7 Jahre jährlich nachschüssig eine Rate von 210 aufbringen. Wenn nun das erste Jahr zahlungsfrei bleibt, wie hoch kann dann bei einem vereinbarten Zinssatz von 7% das Darlehen sein?

Lösung: Wir lösen Formel (5.7) nach S auf und erhalten dabei den Ausdruck

$$S = \left(A/q^n\right) \cdot \frac{q^{n-k} - 1}{i} = A \cdot \frac{\left(q^{-k} - q^{-n}\right)}{i}$$

oder bei den vorliegenden Daten $n = 7$, $k = 1$, $A = 210$ und $i = 0.07$ den Zahlausdruck

$$S = 210 \cdot \left(1.07^{-1} - 1.07^{-7}\right)/0.07$$

welcher mit einem Taschenrechner ausgewertet den Wert 935.4890921 oder $S = 935.49$ ergibt. $\square$

Aufgabe 5.12: Für eine jährliche, verzögerte einfache Annuität beweise man, daß für den Effektivzinssatz i^*, wenn S, A, n und k gegeben sind, die folgende Ungleichung gilt.

$$0 < i^* < a, \text{ wobei } a = S/A$$

Lösung: Wir betrachten wiederum das Polynom in Formel (5.7), welches die Gestalt

$$p(q) = q^n - a \sum_{v=0}^{n-k-1} q^v, \ a = A/S$$

hat. Es ist

$$p(1) = 1 - (n - k) \cdot a < 0 \text{ bei einer Annuität mit positivem } i$$

$$(\text{wegen } S < (n - k) \cdot A)$$

Andererseits folgt, daß

$$p(a + 1) = (a + 1)^n - a \cdot \frac{(a + 1)^{n-k} - 1}{a} = (a + 1)^n - (a + 1)^{n-k} + 1 > 0,$$

da $a > 0$ ist.

Also liegt die nach der DESCARTESschen Vorzeichenregel eindeutig positive Nullstelle q^* des Polynoms p zwischen diesen beiden Argumenten. Damit folgt die Ungleichung für i^*. $\square$

5.4 Unterjährige, allgemeine Annuitäten mit festen Raten

Für unterjährige, allgemeine Annuitäten mit festen Raten gelten bei Anwendung der US-Methode (Regel 1 und Regel 2) im Prinzip die gleichen Formeln wie in Abschnitt 5.2 für jährliche. Nur ist die Zahl der Jahre n in Abschnitt 5.2 gleichzusetzen der Zahl der geleisteten Zahlungen insgesamt, oder, falls z Zahlungen in gleichen Abständen pro Jahr geleistet werden, ist diese durch $n \cdot z$ zu ersetzen. Der Zinssatz i der Annuität bezieht sich dann natürlich auf den linear proportionalen Zinssatz, hier i/z. Insofern behalten alle Formeln aus Abschnitt 5.2 mit diesen Änderungen ihre Gültigkeit.

Anders liegen die Verhältnisse bei Anwendung der PAngV. Hierbei müssen alle Formeln neu berechnet werden. Zum besseren Verständnis treffen wir folgende Definitionen und Vereinbarungen:

Zeitintervalle, in welchen die Raten fällig werden	1	Monat
Laufzeit der Annuität	n	(volle) Jahre
monatlich fällige Rate	a	
Jährlicher Zinssatz der Annuität	i	
monatlicher (linear proportionaler) Zinssatz	$i_m = i/12 \;\; \left(q_m = 1 + i_m \right)$	

Bei anderen Ratenintervallen ist der anteilige Zinssatz entsprechend anzupassen. Der Aufbau der Formeln bleibt jedoch der gleiche.

Nach dem oben gesagten, ergibt sich für die US-Methode die folgende Annuitätenformel, aufgelöst nach a

$$a = S \cdot q^{12 \cdot n} \cdot \frac{i_m}{q_m^{12n} - 1} \quad \text{mit} \quad q_m = 1 + i/12 \tag{5.12}$$

Bei Anwendung der PAngV müssen wir jedoch wieder auf Gleichung (5.1) zurückgreifen

$$S \cdot q^m = A \cdot \frac{(q-1)}{q^n - 1}$$

Dabei haben wir, ähnlich wie in Abschnitt 4.3 bei unterjährigen Rentenzahlungen, die jährliche fiktive Ersatzrate zu berechnen. Diese ergibt sich als

$$A = \sum_{v=0}^{11} a \cdot \left(1 + (q-1)/12 \cdot v\right) = a \cdot \left(12 + (q-1)\Big/12\left(\sum_{v=0}^{11} v\right)\right)$$

$$= a \cdot \left(12 + (q-1) \cdot 11/12\right) = (a/2) \cdot (13 + 11 \cdot q)$$

Somit ergibt sich nun die Annuitätenformel

$$S \cdot q^n = (a/2) \cdot (13 + 11q) \sum_{v=0}^{n-1} q^v = (a/2) \cdot (13 + 11 \cdot q) \frac{q^n - 1}{q - 1}$$

oder aufgelöst nach der monatlichen Rate a

$$a = S \cdot q^n \frac{2 \cdot i}{(13 + 11 \cdot q)(q^n - 1)} \tag{5.13}$$

Zur Berechnung des Effektivzinssatzes i, falls S, a und n gegeben sind, ist die positive Nullstelle des Polynoms

$$S \cdot q^n = (a/2) \cdot \left(13 + 24 \cdot \sum_{v=1}^{n-1} q^v + 11 \cdot q^n\right)$$

oder, in Normalform geschrieben, der Gleichung

$$\left(S - (11/2) \cdot a\right) \cdot q^n - 12 \cdot a \sum_{v=1}^{n-1} q^v - (a/2) \cdot 13 = 0 \tag{5.14}$$

zu berechnen.

Da sicherlich praktisch immer $S > (11/2) \cdot a$ ist, gilt wiederum nach der DESCARTESschen Vorzeichenregel, daß die letzte Gleichung genau eine positive Wurzel q^* besitzt.

Aufgabe 5.13: Ein Annuitätendarlehen von $S = 1000$ über zwei Jahre werde mit einem Effektivzinssatz nach der PAngV von 7% bei monatlichen Rückzahlungsraten aufgenommen. Wie hoch fällt die monatliche Rate a aus? Wie hoch ergibt sich die Rate nach der US-Methode?

Lösung: Es ist Formel (5.13) anzuwenden. Für die Daten $S = 1000$, $n = 2$ und $i = 0.07$ ergibt dies den Zahlausdruck

$$a = 1000 \cdot (1.07)^2 \, 0.14 / \left((13 + 0.77)(1.07^2 - 1) \right)$$

Auf dem Taschenrechner ausgewertet ergibt dies bei Anwendung der Tastendruckfolge

$$[1] \ [0] \ [0] \ [0] \ [\times] \ [1] \ [.] \ [0] \ [7] \ \left[x^2\right] \ [\times] \ [0] \ [.] \ [1] \ [4] \ [/]$$

$$[2] \ [4] \ [.] \ [7] \ [7] \ [/] \ [(] \ [1] \ [.] \ [0] \ [7] \ \left[x^2\right] \ [-] \ [1] \ [)]$$

$$[ENTER]$$

den Wert für $a = 44.66$.

Für die US-Methode ergibt sich mit $i = 0.07/12$ der Zahlausdruck

$$a = 1000(1 + 0.07/12)(0.07/12)$$

oder ausgerechnet $a = 44.77$. $\square$

Aufgabe 5.14: Wieviel Jahre muß ein Annuitätendarlehen über 1000 bei einem Zinssatz von 7% nach der PAngV mit monatlichen Raten von 35 zurück bezahlt werden? Was würde sich nach der US-Methode ergeben?

Lösung: Wir haben die Formel (5.13) nach n aufzulösen. Dies ergibt

$$q^n = \left(a \cdot (13 + 11 \cdot q) \right) / \left(a \cdot (13 + 11 \cdot q) - 2 \cdot S \cdot i \right)$$

$$n = \left(\ln(a \cdot (13 + 11 \cdot q)) - \ln(a \cdot (13 + 11 \cdot q) - 2 \cdot S \cdot i) \right) / \ln q$$

Für unsere Daten $S = 1000$, $a = 35$ und $i = 0.07$ ergibt sich daraus der Zahlausdruck

$$n = (\ln(35 \cdot 24.77) - \ln(35 \cdot 24.77 - 140)) / \ln 1.07$$

der ausgerechnet auf dem Taschenrechner mit der folgenden Tastendruckfolge

$$[(] \ [LN] \ [(] \ [3] \ [5] \ [\times] \ [2] \ [4] \ [.] \ [7] \ [7] \ [)] \ [-] \ [LN] \ [(]$$

$$[3] \ [5] \ [\times] \ [2] \ [4] \ [.] \ [7] \ [7] \ [-] \ [1] \ [4] \ [0] \ [)] \ [)] \ [/]$$

$$[LN] \ [1] \ [.] \ [0] \ [7] \ [ENTER]$$

den Wert 2.603120364 oder mindestens 2 Jahre und 7 Monate.

Nach der US-Methode müssen wir Formel (5.3) anwenden. Diese ergibt für unsere Daten folgenden Zahlausdruck:

$$n = \left(\ln 35 - \ln(35 - 1000 \cdot 0.07/12) \right) \big/ \ln(1 + 0.07/12)$$

oder ausgerechnet den Wert 31.34619644 oder mindestens 2 Jahre und 7 Monate. $\square$

Aufgabe 5.15: Ein Annuitätendarlehen von 1000 wird über 2 Jahre mit monatlichen Raten von 45 bedient. Wie hoch muß der Effektivzinssatz nach der US-Methode und nach der PAngV-Methode angegeben werden?

Lösung: Nach der US-Methode ergibt sich die Polynomgleichung nach (5.12) zu lösen, die hier die Form hat:

$$45 = 1000 \cdot q^{24} \cdot (q-1) \big/ (q^{24} - 1)$$

und nach q aufzulösen ist. Dabei bestimmt dann $(q-1)$ den monatlichen Zinssatz.

Diese Gleichung ergibt mit dem Gleichungslöser eines Taschenrechners gelöst den Wert $q = 1.006250747$ oder $i^* = 0.0750$. Nach der PAngV-Methode ergibt sich nach (5.13) die Polynomgleichung in der Form

$$45 = 1000 \cdot q^2 \cdot 2 \cdot (q-1) \big/ (13 + 11 \cdot q) \big/ (q^2 - 1)$$

Diese – wiederum mit einem Gleichungslöser gelöst – ergibt für q dem Wert 1.078140222 oder $i^* = 0.0781$. $\square$

5.5 Jährliche, einfache Annuitäten mit geometrisch veränderlichen Raten

Wir betrachten hier Annuitäten mit veränderlichen Ratenzahlungen. Die Ratenhöhe hänge von der Zeit ab und zwar in der Weise, daß mit jeder neuen Ratenzahlung diese sich um den (konstanten) Faktor

$$s = 1 + j, \; -1 < j \le 1$$

ändert. Wie bei den entsprechend veränderlichen Renten in Abschnitt 4.4, so können wir auch hier durch eine einfache Variablentransformation auf die Formeln des Abschnittes 4.2 zurückgreifen.

Wir nehmen an, daß die Annuitäten A_m nach der Formel

$$A_m = A \cdot (1 + j)^{m-1} = A \cdot s^{m-1}, \; 1 \le m \le n$$

verändern. Dann lautet die entsprechende Annuitätengleichung

$$S \cdot q^n = \sum_{v=1}^{n} A_v \cdot q^{n-v} = A \cdot \sum_{v=0}^{n-1} s^v \cdot q^{n-v-1} = A \cdot s^{n-1} \cdot \sum_{v=0}^{n-1} (q/s)^v$$

Führen wir nun die Variable $t = q/s$ ein und bezeichnen $\tilde{S} = S \cdot s$, dann erhält diese Gleichung die Form

$$\tilde{S} \cdot t^n = A \cdot \sum_{v=0}^{n-1} t^v$$

Dies ist aber genau die Gleichung (5.1). Somit gelten formal alle im Abschnitt 5.2 hergeleiteten Formeln für diese neue Variable t und die neue Schuld $\tilde{S}$. Um auf die ursprünglichen Bezeichnungen zurückzukommen, müssen wir nur die Transformation der darin vorkommenden Größen t und $\tilde{S}$ wieder rückgängig machen. Nach einigen zusätzlichen vereinfachenden Umformungen ergeben sich dann der Reihe nach die folgenden Formeln.

$$A = S \cdot q^n \cdot \frac{q - s}{q^n - s^n} \tag{5.15}$$

$$R_r = S \cdot s \cdot q^r \cdot \frac{q^{n-r} - s^{n-r}}{q^n - s^n} \tag{5.16}$$

$$T_r = S \cdot (q - s) \cdot q^{r-1} \cdot s^{n-r+1} / (q^n - s^n) \tag{5.17}$$

$$Z_r = S \cdot (q-s) \cdot \left(q^n - q^{r-1} \cdot s^{n-r+1}\right) / \left(q^n - s^n\right) \tag{5.18}$$

Aufgabe 5.16: Ein Annuitätendarlehen von 1000 werde mit 7% verzinst und läuft über 5 Jahre. Die jährlichen Raten steigen jedesmal um 5%. Wie hoch sind die jährlichen Raten, die Restschulden und Tilgungsraten?

Lösung: Nach Formel (5.15) ergibt sich folgender Zahlausdruck mit den Daten $S = 1000$, $n = 5$, $i = 0.07$ und $s = 1.05$:

$$A = 1000 \cdot 1.07^5 \cdot (1.07 - 1.05) / \left(1.07^5 - 1.05^5\right)$$

$$= 1000 \cdot 1.07^5 \cdot 0.02 / \left(1.07^5 - 1.05^5\right)$$

$$= 20 \cdot 1.07^5 / \left(1.07^5 - 1.05^5\right)$$

Mit der folgenden Tastendruckfolge auf dem Taschenrechner ergibt sich dann der Wert $A = 222.15$.

$$[2]\ [0]\ [\times]\ [1]\ [.]\ [0]\ [7]\ [y^x]\ [5]\ [/]\ [(]\ [1]\ [.]\ [0]\ [7]\ [y^x]$$

$$[5]\ [-]\ [1]\ [.]\ [0]\ [5]\ [y^x]\ [5]\ [)]\ [\mathit{ENTER}]$$

Die Werte von A_r, R_r und T_r sind nach den Formeln $A = A \cdot s^{r-1}$ sowie (5.16) und (5.17) berechnet und in der folgenden Tabelle wiedergegeben:

r	0	1	2	3	4	5
R	1000	847.85	673.94	476.19	252.36	0
A_r	0	222.15	233.26	244.92	257.17	270.03
T_r	0	152.15	173.91	197.75	223.83	252.36

□

Aufgabe 5.17: Ein Bankkunde will ein Annuitätendarlehen in Höhe von 1000 aufnehmen, dessen jährliche und um jeweils 3% steigenden Raten mit 250 beginnen. Die Verzinsung ist mit 6% festgelegt. Wie viele Jahre muß er mindestens Raten zahlen?

Lösung: Zunächst einmal müssen wir Formel (5.15) nach n auflösen. Dazu schreiben wir Gleichung (5.15) in Form

$$A \cdot (q^n - s^n) = S \cdot q^n \cdot (q - s)$$

und dividieren beide Seiten durch $q^n > 0$. Dies ergibt die Gleichung

$$A \cdot (1 - (s/q)^n) = S \cdot (q - s)$$

Diese nach n aufgelöst ergibt dann die Formel

$$(s/q)^n = 1 - (S/A) \cdot (q - s)$$

oder explizit

$$n = \ln(1 - (S/A) \cdot (q - s))/(\ln s - \ln q)$$

Für unsere Daten $S = 1000$, $i = 0.06$, $s = 1.03$ sowie

$$A = 215$$

ergibt sich folgender Zahlausdruck

$$n = \ln(1 - (1000/215) \cdot 0.03)/(\ln 1.03 - \ln 1.06)$$

welcher auf dem Taschenrechner ausgewertet den Wert 5.234470526 oder mindestens 5 Jahre. $\square$

Aufgabe 5.18: Ein Kreditnehmer ist bereit für 5 Jahre eines jedes Jahres um 4% steigende Raten von höchstens 245 aufzubringen um eine Annuitätenschuld mit 7% abzutragen. Wie hoch kann das Darlehen höchstens sein?

Lösung: Wir berechnen zunächst einmal die Anfangsrate A. Diese ergibt sich aus der Gleichung $A = 245/1.04^5 = 201.37$.

Danach lösen wir Gleichung (5.15) nach S auf und erhalten damit die Formel

$$S = (A/q^n)(q^n - s^n)/(q - s)$$

Mit unseren Daten $A = 201.37$, $q = 1.07$, $s = 1.04$ und $n = 5$ ergibt sich dabei der Zahlausdruck

$$S = (201.37/1.07^5)(1.07^5 - 1.04^5)/0.03$$

der auf dem Taschenrechner ausgewertet den Wert 889.6747796 oder $S = 889.67$. $\square$

Aufgabe 5.19: Eine Annuität beträgt 1000 über 7 Jahre. Es werde eine jährliche Rate von anfänglich 195 vereinbart, welche jedesmal um 3.5% steigt. Was ergibt sich für ein Effektivzinssatz?

Lösung: Wir betrachten dazu Gleichung (5.15), die mit unseren Daten $S = 1000$, $A = 195$, $s = 1.03$ und $n = 7$ die Form

$$195 = 1000 \cdot q^7 (q - 1.035) / (q^7 - 1.035^7)$$

hat. Diese kann mit dem Gleichungslöser eines Taschenrechners durch Anwenden der folgenden Tastendruckfolge

$$[1]\ [9]\ [5]\ [ALPHA]\ [=]\ [1]\ [0]\ [0]\ [0]\ [\times]\ [ALPHA]\ [Q]\ [y^x]$$

$$[7]\ [\times]\ [(]\ [ALPHA]\ [Q]\ [-]\ [1]\ [.]\ [0]\ [3]\ [5]\ [)]\ [/]\ [(]$$

$$[ALPHA]\ [Q]\ [y^x]\ [7]\ [-]\ [1]\ [.]\ [0]\ [3]\ [5]\ [y^x]\ [7]\ [)]$$

$$[ENTER]$$

nach Eingabe des Näherungswertes für q durch $[1]\ [.]\ [0]\ [1]\ [ENTER]$ und Drücken der Taste $[SOLVE]$ nach q aufgelöst werden und ergibt $Q = 1.111998371$ oder $i = 0.1120$. $\square$

Aufgabe 5.20: Für eine jährliche, einfache Annuität mit dem jährlichen Steigerungsfaktor für die Raten von s beweise man für den Effektivzinssatz i^* folgende Abschätzung

$$(n/(n+1)) \cdot ((A/S) + s) < q^* < (A/S) + s$$

Lösung: Bei der Herleitung der Formeln (5.15) - (5.18) wurde das transformierte Polynom

$$\tilde{S} \cdot t^n = A \cdot \sum_{v=0}^{n-1} t^v$$

betrachtet. Dieses hat jedoch die Gestalt der Polynome in Aufgabe 5.11 und 5.12. Dafür wurde für die eindeutige positive Wurzel t^* in Aufgabe 5.12 die Abschätzung

$$(n/(n+1)) \cdot \left(\left(A/\tilde{S}\right)+1\right) < t^* < \left(A/\tilde{S}\right)+1$$

hergeleitet. Mit $\tilde{S} = S \cdot s$ und $t = q/s$ eingesetzt ergeben sich die oben zu beweisenden Schranken. $\square$

5.6 Jährliche, einfache Annuitäten mit linear veränderlichen Raten

Ähnlich wie im vorangegangenen Abschnitt 5.5 nehmen wir hier an, daß die Raten einer Annuität sich von Zahlung zu Zahlung ändern. Hier soll diese Änderung der Höhe der Rate um jeweils einen festen Betrag B erfolgen durch die Festlegung

$$A_j = A + (j-1) \cdot B, \, 1 \le j \le n$$

Der funktionale Zusammenhang dieser Veränderung (hier mit der Zeit j) entspricht einer linearen Veränderung.

Genau wie bei den Renten in Abschnitt 4.5, so ist auch hier bei den Annuitäten die lineare Veränderung der Raten mit der Zeit nicht dem Charakter der Annuitäten, der auf der geometrischen Reihe beruht, angepaßt. Dementsprechend lassen sich auch die Formeln für diese Art von Annuitäten nicht so leicht wie diejenigen in Abschnitt 5.5 herleiten. Man muß dabei vielmehr auf Verallgemeinerungen der geometrischen Reihe, so wie etwa in Aufgabe 1.15 behandelt, zurückgreifen. Deshalb wollen wir hier nur die fertigen Formeln angeben und bezüglich deren Herleitung auf die Literatur verweisen.

Die Gleichung für die Annuität lautet nun

$$S \cdot q^n = A \cdot \frac{q^n-1}{q-1} + B \cdot \left[q^2 \cdot \frac{q^{n-2}-1}{(q-1)^2} - \frac{n-2}{q-1} + 1 \right]$$

und wir erhalten daraus für A die Formel

$$A = \frac{q-1}{q^n-1} \cdot \left\{ S \cdot q^n - B \cdot \left[q^2 \cdot \frac{q^{n-2}-1}{(q-1)^2} - \frac{n-2}{q-1} + 1 \right] \right\} \tag{5.19}$$

Da die Formeln, z. B. mit R_r, noch komplexer sind, wollen wir diese hier nicht bringen.

Aufgabe 5.21: Ein Annuitätendarlehen von 1000 wird mit einer jährlich um 10 steigenden Rate über 5 Jahre bei 7% Verzinsung zurückbezahlt. Wie hoch muß die erste Rate sein.

Lösung: Aus Formel (5.19) ergibt sich für die hier vorliegenden Raten

$$S = 1000,\ i = 0.07,\ n = 5 \quad \text{und} \quad B = 10$$

für die Ratenhöhe A des Ausdrucks

$$A = \frac{0.07}{(1.07)^5 - 1} \left\{ 1000 \cdot 1.07^5 - 10 \cdot \left[1.07^2 \frac{1.07^3 - 1}{(0.07)^2} - \frac{3}{0.07} + 1 \right] \right\}$$

Ausgewertet auf einem Taschenrechner ergibt dies die Lösung $A = 190.40$. $\square$

Aufgabe 5.22: Ein Annuitätendarlehen von 1000 über 7 Jahre beginnt mit einer Jahresrate von 150 und diese steigt jährlich um 8. Wie hoch ist der Effektivzinssatz dieser Annuität?

Lösung: Für die vorliegenden Daten des Darlehens

$$S = 1000,\ n = 7,\ A = 150,\ B = 8$$

ergibt sich folgende Gleichung für die Annuität

$$1000 \cdot q^7 = 150 \cdot \frac{q^7 - 1}{q - 1} + 8 \cdot \left[q^2 \cdot \frac{q^5 - 1}{(q-1)^2} - \frac{5}{q-1} + 1 \right]$$

Mit Hilfe des Gleichungslösers eines Taschenrechners kann man diese Gleichung durch die Tastendruckfolge

[1] [0] [0] [0] [×] [ALPHA] [Q] $[y^x]$ [7] [ALPHA] [=] [1] [5]

[0] [×] [(] [ALPHA] [Q] $[y^x]$ [7] [–] [1] [)] [/] [(]

[ALPHA] [Q] [–] [1] [)] [+] [8] [×] [(] [ALPHA] [Q] $[x^2]$

[×] [(] [ALPHA] [Q] $[y^x]$ [5] [–] [1] [)] [/] [(] [ALPHA]

[Q] [–] [1] [)] $[x^2]$ [–] [5] [/] [(] [ALPHA] [Q] [–] [1]

[)] [+] [1] [)] [ENTER]

nach Eingabe des Näherungswertes für Q durch [1] [.] [0] [1] [ENTER] und Drücken der Taste [SOLVE] lösen. Es ergibt sich für q die Lösung $q = 1.049424027$ oder $i^* = 0.0494$. $\square$

LITERATURVERZEICHNIS

**(Eine Auswahl von deutschsprachigen Büchern zur
nichtstochastischen Finanzmathematik)**

1. G. Altrogge, Finanzmathematik, R. Oldenbourg Verlag, München 1999

2. N. Bühlmann & B. Berliner, Einführung in die Finanzmathematik, Bd. 1, UTB Taschenbuch Nr. 1668, Bern 1992

3. [*] K.-D. Däumler, Finanzmathematisches Tabellenwerk, Verlag Neue Wirtschafts-Briefe, Herne 1998

4. W. Grundmann, Finanz- und Versicherungsmathematik, B. G. Teubner Verlag, Stuttgart 1996

5. O. Hass, Finanzmathematik, R. Oldenbourg Verlag, München 1998

6. J. Herzberger, Mathematische Zinsberechnungen, Spektrum Verlag, Heidelberg 1995

7. J. Herzberger, Einführung in die Finanzmathematik, R. Oldenbourg Verlag, München 1999

8. H. Kobelt & P. Schulte, Finanzmathematik, Verlag Neue Wirtschafts-Briefe, Herne 1987

---

[*] Praktische Bücher mit Software

9. J. Kober, H.-D. Knöll & U. Rometsch, Finanzmathematische Effektiv-
    zinsberechnungsmethoden, B. I. Wissenschaftsverlag, Mannheim 1992

10. H. Köhler, Finanzmathematik, Carl Hanser Verlag, München 1992

11. E. Kosiol, Finanzmathematik, Gabler Verlag, Wiesbaden 1984

12. H. Locarek-Junge, Finanzmathematik, R. Oldenbourg Verlag, München
     1997

13. [*] A. Pfeifer, Praktische Finanzmathematik, Verlag Harri Deutsch, Thun
     1995

14. J. Tietze, Einführung in die Finanzmathematik, Vieweg Verlag, Wiesba-
     den 1996

---

[*] Praktische Bücher mit Software

STICHWORTVERZEICHNIS

Abzinsung 29

AIBD-Methode (zur Berechnung des Effektivzinssatzes) 65

algebraische Eingabelogik 1, 2

allgemeine Annuitäten 101, 115

Annuität 101, 102

Annuitätenfaktor 102, 103

arithmetischer Ausdruck 2

arithmetische Reihe (Summe) 20, 21

Barwert 29, 32, 78, 103

Barwert, einer Rente 77, 91, 95, 99, 98

BERNOULLIsche Ungleichung 13, 33

Binomialkoeffizient 10, 11, 12

DESCARTESsche Vorzeichenregel 24, 115, 116

Diskontierung 29

Dualzahl 7, 8, 9

Effektivzinssatz 39, 40, 53, 54, 56, 77, 78, 103

einfache Annuität 101

Endwert 55, 71

Endwert, einer Rente 77, 94, 98

Ersatzrate (einer Rente) 84, 87

EU-Methode (zur Berechnung des Effektivzinssatzes) 39, 65, 70, 77

ewige Rente 98

Fakultät 10

geometrische Reihe (Summe) 14, 16, 20, 78, 85, 102, 123

geometrisch veränderliche Rente 90, 98

geometrisch veränderliche einfache Annuität 119

Gleitkommazahl 1

HORNER-Schema 22, 23

interner Zinsfuß 53

konformer Zinssatz 39

kontinuierliche Verzinsung 45

linear proportionaler Zinssatz 39, 54, 84

linear veränderliche einfache Annuität 123

linear veränderliche Rente 94, 99

Marktzinssatz 53

Mehrfachsummen 20

Monotonieprinzip 25, 26

nachschüssige Raten (bei Rente) 78

nomineller Zinssatz 40, 45, 56

Polynom 22

Potenzierung 7

Preisangabenverordnung 39

Preisangabenverordnungs-Methode (PAngV-Methode)
        (zur Berechnung des Effektivzinssatzes) 23, 70, 101, 115

quadratische Gleichung 23, 24, 57

Rente 77

Restschuld (einer Annuität) 103, 110

Summenformel 14, 20, 21, 71

Tastatur 1

Tilgungsrate (einer Annuität) 104, 110, 111

unterjährige einfache Annuität 115

unterjährige Raten (bei einer Rente) 84, 85, 98

unterjähriger Zinssatz 39, 40, 54, 65

US-Methode (zur Berechnung des Effektivzinssatzes) 54, 70, 77, 101

Verzinsung, einfache 29

        mit Zinseszins 32, 33, 77

        unterjährliche 39

Vorrangregeln für Operationen 2

Vorschüssige Raten (bei Rente) 82

Wertpapier, festverzinsliches 55

Zahlbereichsüberschreitung 12

Zinsrate (bei Rente) 104, 111

Zinsrechnung 7, 29

Das Itô-Integral
an der Börse

Optionsbewertung und Portfolio-optimierung

Moderne Methoden der Finanzmathematik

von Ralf und Elke Korn

1999. XIV, 294 Seiten.
Broschiert DM 46,00
ISBN 3-528-06982-1

Aus dem Inhalt
Der Erwartungswert-Varianz-Ansatz nach Markowitz - Das zeit-stetige Marktmodell (Wertpapier-preise, vollständige Märkte, Ito-Integral und Itô-Formel, Variation der Konstanten, Martingaldarstel-lungssatz) - Das Optionsbewer-tungsproblem (Duplikationsprin-zip, Satz von Girsanov, Darstel-lungssatz von Feynman und Kac) - Das Portfolio-Problem in stetiger Zeit (Martingalmethode, HJB-Glei-chung, stochastische Steuerung)

Das Buch eignet sich als Grund-lage einer Vorlesung, die sich an einen Grundkurs in Stochastik anschließt. Es richtet sich an Mathematiker, Finanz- und Wirt-schaftsmathematiker in Studium und Beruf und ist aufgrund seiner modularen Struktur auch für Praktiker in den Bereichen Ban-ken und Versicherungen geeignet.

Die Autoren
Dr. habil. Ralf Korn lehrt am Fach-bereich Mathematik der Johannes-Gutenberg-Universität Mainz.
Elke Korn ist Diplom-Mathema-tikerin mit dem Spezialgebiet Stochastik.

Abraham-Lincoln-Straße 46
D-65189 Wiesbaden
Fax (0611) 78 78 - 400
www.vieweg.de

Stand: April 1999. Änderungen vorbehalten.
Erhältlich beim Buchhandel oder beim Verlag.

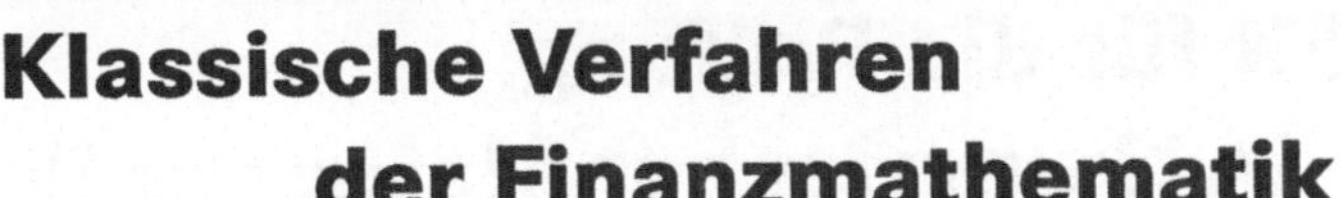

Klassische Verfahren
der Finanzmathematik

Einführung in die Finanzmathematik

Klassische Verfahren, Investitionsrechnung, Effektivzins- und Rendite

von Jürgen Tietze

2. Auflage 1999. X, 323 Seiten.
Broschiert DM 44,00
ISBN 3-528-16552-2

Aus dem Inhalt
Prozentrechnung und lineare Verzinsung - Termin- und Diskontrechnung - Zinseszinsrechnung (diskret und stetig) - Äquivalenzprinzip bei linearer und exponentieller Verzinsung - Rentenrechnung - Tilgungsrechnung - Tilgungspläne bei unterjährigen Leistungen - Effektivzinsmethoden in der Finanzmathematik und unter

Berücksichtigung unterschiedlicher Kontoführungsmodelle und Konditionen (z. B. nachschüssige Tilgungsverrechnung, Tilgungsstreckung, Disagiorückerstattung, Vorteilhaftigkeitskriterien für Investitionen, finanzmathematische Aspekte zur "richtigen" Verzinsungsmethode, Rendite festverzinslicher Wertpapiere

Das Buch - insbesondere für das Selbststudium konzipiert - wendet sich sowohl an den Praktiker, der mit Geldgeschäften zu tun hat, wie auch an Studierende der Volks- und Betriebswirtschaftslehre, die im Selbststudium die notwendigen finanzmathematischen Grundlagen verstehen und einüben wollen.

Der Autor
Dr. rer. nat. Jürgen Tietze ist Professor für Wirtschafts- und Finanzmathematik am Fachbereich Wirtschaft und Prorektor für Lehre und Studium an der Fachhochschule Aachen.

Abraham-Lincoln-Straße 46
D-65189 Wiesbaden
Fax (0611) 78 78 - 400
www.vieweg.de

Stand: April 1999. Änderungen vorbehalten.
Erhältlich beim Buchhandel oder beim Verlag.

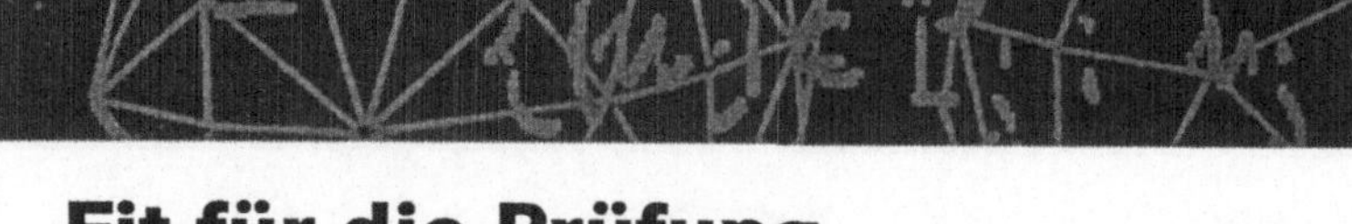

Fit für die Prüfung in Numerischer Mathematik

Übungsbuch zur Numerischen Mathematik

Typische Aufgaben mit ausgearbeiteten Lösungen zur Numerik und zum Wissenschaftlichen Rechnen

von Jürgen Herzberger

1998. X, 132 Seiten.
Broschiert DM 29,80
ISBN 3-528-06948-1

Aus dem Inhalt
Rechnerarithmetik - Polynome und Interpolation - Numerische Differentiation und RICHARD-SON-Extrapolation - BANACH-scher Fixpunktsatz und Konvergenzordnung - Nichtlineare Gleichungen - Matrixanalyse und Normen - Lineare Gleichungssysteme

Das Buch ist ein Hilfsmittel zur Bearbeitung von Übungsaufgaben bzw. zur Vorbereitung auf die Prüfung zur Vorlesung in Numerischer Mathematik bzw. wissenschaftliches Rechnen. Es ist unabhängig von einem bestimmten Lehrbuch konzipiert und umfaßt den Standardstoff einer einführenden Vorlesung in Numerik oder in das wissenschaftliche Rechnen.
Es ist in Paragraphen gegliedert, welche jeweils einem bestimmten Sachgebiet der Numerik entsprechen. Jedem Paragraphen ist eine kurze Zusammenstellung der wichtigsten Tatsachen und Formeln vorangestellt, die als Arbeitsgrundlage und Verweismöglichkeit bei den Aufgaben dient. Jeder Paragraph enthält eine Sammlung für das Gebiet typischer Übungsaufgaben mit mustergültig ausgearbeiteten Lösungen.

Der Autor
Jürgen Herzberger ist Professor für Mathematik an der Universität Oldenburg.

Abraham-Lincoln-Straße 46
D-65189 Wiesbaden
Fax (0611) 78 78 - 400
www.vieweg.de

Stand: April 1999. Änderungen vorbehalten.
Erhältlich beim Buchhandel oder beim Verlag.